Idea man

どう伝えればわかってもらえるのか？部下に届く 言葉がけの正解

主管這樣說，下屬一定做得到

「換句話說」，讓下屬聽得懂，還能做更好的39個高效帶人話術

● 溝通設計師
● 人材培育顧問
● 主管教練

吉田幸弘 著

李貞慧 譯

前言

好的領導人會說話

明明告訴下屬「你要痛定思痛」，他卻依然故我。
明明告訴下屬「以團隊為重的行動才能獲得好評」，他還是只做自己的事。
明明給了下屬建議……

「我想的和他聽到的好像不一樣。」
「怎麼說都改不了。」
「我的意思是叫他這樣做，結果他卻那樣做，實在讓人頭痛。」

你是否也有過這樣的經驗？

「有說沒有到」是很常見的溝通問題。

現在我為經營者、管理階層舉辦下屬培育、領導力、團隊建立等相關研習與演講，一年超過一百場，參加者來自大企業、商業團體、政府機關，人數超過三萬人。

我自己也在研習與提供諮詢顧問服務時，看過許多領導人因不知怎麼跟下屬說話而煩惱不已。

一句話可以是「武器」，也可以是「凶器」。

好的一句話可以提振下屬士氣，加速成長。

反之，因為一句話破壞雙方信賴關係的例子，也不勝枚舉。

再加上隨著新冠疫情蔓延，全世界都很關注各國與各行各業領導人的發言。

有些領導人說話有條有理，讓人信服，也有些領導人總是含糊其辭，很多人應該都發現「說話」的重要性了吧。

這本書要傳達的理念，就是**下屬會跟著「說話」可以打動人心的領導人。**

一句話可以看出領導力高低，這種說法並不誇張，領導人必須磨練「說話」的藝術。

雖然「說話」很重要，卻也不是有說就好。

一樣的內容，不一樣的「說話方式」會帶來不一樣的結果。

站在領導人的立場，就會覺得怎麼會有這種誤解：

「明明我是為他好，他卻覺得我說話很難聽。」

「我只是提醒他一下，他卻覺得被我嚴厲叱責了。」

因此，「說話」前必須先客觀模擬自己的話會給對方帶來什麼樣的影響。

領導人也苦於環境變化

在瞬息萬變的環境中，事業模式的壽命縮短，短時間內就必須做出成果。新人進入公司後，短期間內不可能成為戰力。過去大家都能容忍這種狀況，但現在的企業已經沒有這麼做的本錢。

現在是必須儘快端出成果的時代，短期間內就必須有成果。

再加上政府推行工作方式改革，領導人也必須在短期間內完成工作。然而工作量不減反增，領導人校長兼撞鐘，自己的工作也不能分給下屬負擔，時間越來越不夠用，責任也越來越重。

另外，領導人還必須面對權力騷擾的問題，「〇〇騷擾」已經是常見的新聞。以前可以，現在不行，行與不行的界線模糊不清，領導人變得必須十分小心地照顧下屬情緒。

在這種環境下，到底要如何跟下屬說話才能讓他們了解，並採取適當的行動，就變成領導人的一大難題。

領導人的一句話是下屬成長的觸媒

我常常強調，領導人的幸福就是組織成員的幸福。

領導人的工作很辛苦，責任也越來越重。但這也是能左右組織，極具有價值的工作。

請務必用自己的話培育下屬，讓下屬和團隊都能幸福。

比起磨練商業技巧、想方設法活用制度架構，**領導人的一句話更能讓下屬充滿勇氣，拿出幹勁，是下屬成長的觸媒。好的領導人手下一定有好的下屬。**

本書共三十九節，每一節提到的「領導人煩惱」，都是精選自實際案例。

第一章針對「工作慢吞吞」的下屬，第二章針對「錯誤百出」的下屬，第三章針對「停止工作」的下屬，說明改善對策。

這三章提到的「慢吞吞」、「錯誤百出」、「停止」三大問題，同時也是大多數領導人的煩惱。只要能改善此三大問題，幾乎可說就已經解決了領導人有關下屬的煩惱。

第四章針對「現今的下屬」，第五章針對「重視休假的下屬」，說明和這種下屬相處的方法。這兩章的內容也是近年來我和領導人交流時常聽到的問題。

想知道各主題內容的讀者，可以先參閱整合「領導人煩惱」和「解決對策」的目錄。

有些內容可能會讓你覺得「真的會發生這種事嗎？」、「我們公司才不會犯這麼低級的錯誤。」雖然為了避免洩露公司機密，我做了些許調整，然而這些案例的確是現場領導人實際面對的問題。

本書提及的「說話方法」，是傾聽下屬真心話，促進下屬行動的說話方法。這些都是平常我在研習課程上教學生的話，也希望各位領導人能活用這些說話藝術，作為自己的武器。

第一章

領導人的說話藝術——工作慢吞吞的下屬

第二章

領導人的說話藝術——錯誤百出的下屬

第四章

領導人的說話藝術

——現今的下屬

第一章

領導人的説話藝術

——工作慢吞吞的下屬

01

不讓下屬加班，結果工作做不完。
未能解決根本問題

如何補回落後的進度才是關鍵

✕ 讓他做到一個段落再回家

〇 讓他想好剩下的工作怎麼辦再回家

日本二〇一九年四月「工作方式改革相關法案」上路，對大企業的加班時間制定了「有罰則的上限規定」。中小企業則自二〇二〇年四月起適用相關規定。

為預防上班族過勞死等職災，加班時間原則為每月四十五小時，且一年三百六十小時以內，即使是旺季也有每月未滿一百小時、一年七百二十小時以內

（一年最多六個月）等上限，超出規定時間適用刑事罰則。

法案施行前就開始有公司獎勵準時下班，因為過度加班其實也會影響第二天的工作表現。

下屬C到了下班時間，仍未能完成被交辦的工作。領導人A很體貼地說，**「今天就到此為止吧，明天再做就好。」**

因為公司鼓勵準時下班，也不能勉強下屬留下來加班。

可是許多領導人雖然叫下屬「早點回家」，卻深感很難在「做出成果」和「準時下班」之間取得平衡。

到底該怎麼說，才能讓之後的工作順利進行，補回今天落後的進度呢？

◎由「向後看的思考」轉為「向前看的思考」

在此先為大家介紹芝加哥大學心理學家古敏中（Minjung Koo）與費雪巴赫

（Ayelet Fishbach）的研究。

他們把即將參加重要考試的大學生分成兩組，告訴第一組「必須記得的內容還有百分之五十二」，然後告訴第二組「已經記住百分之四十八了」。

結果第一組的鬥志明顯高出第二組許多。

兩位學者認為對於目標有兩種觀點，也就是「向後看的思考」和「向前看的思考」。

所謂「向後看的思考」，就是關注「已經做到哪裡了」的思考方式。以實驗的例子來說，就是第二組的思考觀點「已經記住百分之四十八了」。

另一方面，所謂「向前看的思考」，就是關注「還剩下多少必須完成」的思考方式。以實驗的例子來說，就是第一組的思考觀點「還剩下百分之五十二」。

如同實驗的結果，**比起「向後看的思考」，用「向前看的思考」方式讓自己關注未來，必然能有更好的表現**。反之，「向後看的思考」會讓人鬆懈。

在前面的案例中，領導人A的「今天就到此為止吧，明天再做就好。」雖然意思是叫下屬早點回家，但下屬C卻因此陷入「向後看的思考」，他的大腦會覺得「原來今天的工作做到這裡就可以了啊。」第二天他雖然會接著前一天的工作繼續做，但問題是什麼都沒變。他也不會想方設法加快工作步調，工作表現當然不會好。因為A說的話是「向後看的思考」，讓下屬C覺得「這樣就可以了」。

因此，為了提升第二天以後的工作表現，必須讓下屬有「向前看的思考」觀點。只要在快下班前告訴下屬，**「今天就做到這裡吧，你用剩下的五分鐘，想想明天以後該怎麼做。」**即可，用這五分鐘的時間回顧反省。

用「現階段的狀態下還剩下這麼多沒做完，明天開始如何追回？」和「向前看的思考」給下屬線索，一起思考對策。

此外，針對過去的作業如果發現更好的做法，就告訴他「明天開始就這樣做吧」。

第二天下屬就針對前一天提過的改善點，著手進行剩下的部分，工作表現當然應該會變好。

◎一天的最後做回顧反省

每天結束工作前讓下屬自行回顧反省，思考第二天開始「接下來該如何改善」，是十分有效的做法。不論工作進度是否落後，**站在順利推動第二天之後的工作的觀點，「向前看的思考」也十分有效。**

這種做法還可以將第二天早上開工時提不起勁，要花一段時間才能重振精神的損失，控制在最低程度。因為這種做法，可以讓下屬用前一天結束時的流程狀態著手工作。

在加班限制越來越多的現代，讓下屬將「向前看的思考」放在心上，內省今天一天獲得的經驗，明天以後活用從中學到的東西，也有助於下屬成長。

但有一點必須注意，也就是不要讓下屬特地花時間來報告。回顧反省的時間要控制在五分鐘以內，否則無法長久持續。

焦點要放在兩點上。一是對今天工作的內省與發現，「今天時間分配不順利的要因是？」、「有沒有今天做了之後，才發現花的時間超出預期的事？」二是明天開始如何活用今天的發現，「明天開始想導入什麼？」、「明天開始要注意些什麼？」

像這樣讓下屬自己自問自答，有時間觀念，經常努力下工夫，領導人偶爾也可以問下屬上述問題。

這麼一來，第二天下屬應該可以順利開始著手工作，速度應該也會加快許多。結果不加班也可以消化比今天更多的工作量。

POINT

讓下屬習慣在一天工作結束前，去想想明天要如何工作，改變下屬做事的方法。

02

下屬的工作順序很奇怪，
無法改變被截止日追著跑的狀況嗎？

以「成果」與「實現程度」為基準，不把重要工作留到最後

✕ 以「重要性」為優先

○ 以「成果」為優先

每一個人的業務量越來越多，再加上工作方式改革的影響，必須在短時間內做出成果。工作量增加，但花在工作上的時間卻變少了，所以當然必須有效運用時間。

提升做事效率是必要的，但就算效率提升了，要想在上班時間內消化完所有工

作，應該還是不容易的事。

所以重要的就是**「排定工作優先順序」**。

一般人難免想先做截止日迫在眉睫的工作。可是這種做事方法只會讓人永遠被截止日追著跑，沒空去做沒有截止日，但會影響成果的工作（明年度主力顧客的比稿準備或官網改版等），也無法挪出完整的時間來處理必要工作。

歸根究柢，問題出在不知如何排定工作的優先順序。

◎下屬很難判斷重要性

排定工作優先順序時常用的方法，就是《與成功有約》（史蒂芬・柯維著）中，以「重要性」和「緊急程度」這兩軸分出四個象限的方法。

①很重要也很緊急的工作；

②很重要但不緊急的工作；
③不重要但很緊急的工作；
④不重要也不緊急的工作。

首先應該重視重要性，來排定優先順序。當然①的工作最重要。

其次則是常被放到後面才處理的「②很重要但不緊急的工作」。因為隨著時間流逝，這會變成「①很重要也很緊急的工作」，先處理掉比較好。

假設下一期的商品陣容必須在十一月前完成。這項工作在七月時還位於②的象限，但到了九月就會變成「①很重要也很緊急的工作」。

大多數領導人常對下屬說，**「要看清什麼事重要」、「不要被急件打亂工作安排」、「做事必須行有餘力」。**

然而下屬並不像領導人所想，能順利排定優先順序。因此常發生領導人覺得重要的工作，卻被下屬放在後面。

這是因為領導人和下屬之間有認知差異，對工作的投入程度和重要與否的判斷因人而異，重不重要很容易搞錯。所以會發生領導人覺得「很重要也很緊急的工作」，卻被下屬放到後面處理。

我以為「重要性」的概念太抽象，很難作為判斷的主軸。

◎掌握工作的優先順序

所以我建議大家以「成果」和「實現程度」這兩個觀點，將重要性基準分成四大象限，然後將工作分類，排定以下①②③④的優先順序。

①成果大且實現程度高的工作；
②成果大但實現程度低的工作；
③成果小但實現程度高的工作；
④成果小且實現程度低的工作。

首先**以成果大小為基準決定優先順序。**

營收一百萬日圓和兩千萬日圓的工作，當然是後者比較重要。

領導人制定明確的基準，並告訴下屬**「能否創造營收？能否減少成本？用數字來判斷。」**就算不套用到四個象限，下屬也知道應以什麼工作為優先。

當然也不能忘記「實現程度」。迫在眉睫、無法確保必要人員的工作，可能就要考慮延後處理或放棄。

最後下屬排定優先順序的方法終於獲得改善。

但如果只是告訴下屬「做這個、做那個」，下屬只會聽令行事，變成一個口令一個動作的人。和下屬相處時，還是**必須留下某種程度讓他們自行思考的空間。**

提供成果與實現程度的基準後，「很重要也很緊急的工作」就不再被排到後面，工作也更有效率了。

此外，下屬也不再因為重要的工作太晚做，而只能七手八腳地趕出品質低落的成品。

而且因為下屬可以確實排定優先順序，得以優先推動雖然不緊急但很重要的工作，也更容易做出成果。

POINT

領導人和下屬對於工作重要與否的認知可能不同，讓下屬用「成果大小」及「實現可能性」來思考。

03

下屬重視工作品質當然是好事，
可是有沒有幹勁不變，時間卻縮短的方法？

找出不必要的工作，縮短思考時間，限制時間

✕ 做「快一點」

○「早一點」做

加班有弊端。努力工作當然很好，但加班搞得精疲力盡，可能影響第二天的工作品質，還是應該儘量在上班時間內完成工作。

人力服務公司企劃部領導人A很煩惱，因為對於加班到很晚的下屬C，A不知「怎樣才能讓他快點做完，減少加班？」

C非常認真，他不會大小事都說「不知道」，只想著依賴領導人，而是努力自行思考完成工作。

不會一個勁兒地依賴領導人，而是自行思考然後完成工作，這種負責任的態度真的很棒。

前幾天A請他寫一份企劃書，他雖然在期限內交出來了，但前一天好像加班到很晚。

他交出的企劃書品質很好，沒有問題。但A以為他應該可以更快完成才是，所以就問他在編寫企劃書時，「哪個部分最花時間？」

結果C表示想標語花了很多時間。為了找出好標語，他努力上網搜尋，竟然花了半天時間。

因為C很認真，所以A也很希望能縮短他的工作時間。

首先要思考的是「C的工作量會不會太多？」但看來他的工作量並不是非常多，而是因為太仔細太執著，花了很多時間。

對於這種完美主義的認真下屬，該如何溝通才好呢？

此時的禁語就是**「做快一點」**。

千萬不能不小心說出這句話，說話時要注意以下重點。

◎找出不必要的工作

完美主義的下屬當中，也有人執著在不必要的部分。

例如，對於內部會議用資料過度執著於設計、連會議時不是高層判斷必要的資料也都整理出來等。這些都是不必要的工作，必須有心消除這些不必要的工作。

下屬工作時如果有這種問題，領導人要**讓他知道「重要的部分」和「不必要的部分」**。

◎限制時間

編寫企劃書或資料時，可以分成「思考時間」和「作業時間」兩部分。前者是思考資料全體結構和流程的時間，後者則是實際輸入電腦等製作的時間。

只要找出不必要的工作，就可以某種程度壓縮作業時間。

為了改善作業效率，在合理範圍內壓縮時間當然沒問題，可是如果壓縮過頭，反而可能出錯。

比方說原本一小時的工作，很難只是為了提升效率就壓縮到三十分鐘吧。因此縮短時間的重點，應先放在「思考時間」上。

思考業務當然重要，但**要朝著縮短思考時間仍能交出高品質成果的方向努力。**

根據英國史學家、社會生態學家兼經濟學家帕金森（Cyril Northcote Parkinson）提倡的「帕金森定律」，「你可以用來完成工作的時間有多少，你的工作就會拖延、膨脹、複雜到讓你足以填滿那段時間為止。」

不限制時間的話，人一定會用盡所有時間來做一件事。

所以**要限制思考業務的時間。**

這麼一來，下屬就會努力想方設法在時間內完成工作。

連帶地就可以提早開始作業的時間。

工作不是要做「快一點」，而是要「早一點」做。

以C的例子來說，就是要建議他**「要先決定好給自己多少思考時間，提早開始作業。」**

對思考時間設定「截止期限效果」，大幅改善了C的工作效率。

之後C也著手找出自己工作中的不必要工作，加以刪減。結果他終於可以在不影響工作品質的狀況下，減少加班時間。

只要建議下屬提早開始作業，就可以大幅改變下屬的工作時間。這個方法並不否定完美主義，下屬才會信服並努力改善。

叫下屬做「快一點」有其極限，還可能因此出錯。但如果是「早一點」做，就不會影響品質。領導人應該讓下屬重視「開始作業的時間」而非「作業速度」。

POINT

對思考時間設定截止期限，壓縮工作時間。

04

再早一點來報告就好了說……

為減少退件重做的麻煩，讓報告變成積極正向的工作

✕ 報告是為了領導人

○ 報告是為了下屬

「我請下屬編製新商品說明會資料，他雖然在截止日前一天交件，但成品和我想的差很多，我只能熬夜大改。」

「我請下屬編製幹部會議中要提出的新專案提案書，他雖然在開會三天前交件，但內容實在太不成熟，我只好自己動手改。」

我看過很多領導人因為發生這種事，後悔不已，覺得早知如此不如自己做。可是**要培育下屬就必須「交辦工作」**。

上述兩個案例其實只要早一點確認，而不是等到最後再確認，領導人應該就不用傷腦筋了吧。

◎報告是為了什麼？

業務遍及全日本的教育機構公關部門領導人A，交辦沒有期限或第一次做的工作給下屬時，都會設定期限。但他也希望下屬自動自發，所以包含期中進度報告的時間點在內，他全權交給下屬決定。

可是期限快到的時候下屬常常手忙腳亂，他就跟下屬說**「我希望你更早一點來跟我報告。」**

考慮到修正需要的時間等，領導人希望下屬早一點來報告，但卻遲遲等不到。

有些下屬不重視期中報告，應該是因為他們不了解期中報告真正的意義吧。

原本期中報告的目的就不是為了讓領導人放心，而是**聽了下屬報告之後，如有必要就要修正計畫**。此外**「不完全放手不管，而是和下屬一起做」，這也是領導人表示負責的一種方式**。

上述案例中，問題出在下屬不知道「報告是為了什麼」。

因為太晚來報告，快到期限才發現方向不對時，就要花更多時間去修改重做。就像本節一開始的例子一樣，可能必須熬夜趕工，最壞狀況甚至會來不及。

因此**應該在交辦工作時就確定期中報告的時間**。最好的方法就是以**「到某個段落」或「□□日△△點確認」**等，確實先定下報告的時期。

這麼做讓下屬開始會來做期中報告了。但光這樣做還是無法讓下屬理解「報告是為了什麼」，所以常常收到不同於想像的成品。

◎將重做與錯估作業時間的風險降至最低

另一方面，領導人B的團隊在期中報告時，總能收到預料中的成品。因為B在期中報告前，還設了另一個期限。他交辦下屬工作時，會請下屬**「如果下次報告時才知道必須重做，很浪費時間，對雙方都沒有好處。所以在你著手前，我們先確認彼此認知是否有差異吧。**請你在一小時後先交出一份可聯想到成品樣子的草案，與大致的時程。」

也就是說，B事先決定了指示後確認成品印象與時程的期限，以及再次確認成品印象與時程的期中報告時期。

只要在一小時後確認一次，就可以將重做與錯估作業時間的風險降至最低。此外，也可以當下確認下屬認知是否有誤，了解哪個步驟比較困難、可能花較多時間等，事先擬定對策。

領導人A團隊的期中報告，好像變成否定大會，所以不到差不多做好的程度，下屬不會去報告。結果交出來的成品常常和領導人想的不同，又要花時間修改，產生許多浪費。

領導人B團隊在一開始就已經發現下屬和領導人的思考方向差異，所以在那個當下就可以彼此討論磨合，期中報告時不會被否定，也不會浪費時間。

可能是期中報告這個名詞給人錯誤的印象吧，不過**只要能讓下屬了解這是支持下屬想法的場合，下屬應該也會更早來報告。**

POINT

不要讓報告變成否定大會。

確實傳達報告的目的，避免浪費時間。

05

希望無事不問，窮擔心的下屬能獨當一面

加強判斷力，培養自行思考後行動的下屬

✕ 交給下屬判斷

○ 提供基準讓下屬容易判斷

交辦工作時，有些下屬總是問個不停。下屬發問當然是件好事，但如果大小事都要問，會消耗領導人的時間。

這和前面介紹的狀況不同，反而會帶來新的問題。雖然多問能避免到時候花時間重做或修正，但對於無事不問的下屬，如果每次都用心回答，下屬就無法成長。

這和本章「以『成果』與『實現程度』為基準，不把重要工作留到最後」中的問題類似，也就是下屬缺乏自己可以做到哪裡的判斷基準。

×**「就照你的判斷做就好。」**光這麼告訴下屬，很難有所改變。站在下屬的立場，因為「不想犯錯走冤枉路」，就會一直問。

這種大小事都想要領導人判斷的下屬，其實問題出在領導人身上。要讓下屬自行思考，必須注意以下幾點。

◎制定明確的判斷基準

○**「除了○○以外，你自己想就好。」給下屬一個明確的判斷基準。**

下屬之所以大小事都希望領導人判斷，就是因為「不清楚自己可以判斷的部分、權限的範圍」。所以和下屬之間有個明確的授權範圍，這一點很重要。

此外領導人事先應該也可以預想到「下屬難以判斷的部分」，因此要事先提供下屬遇到這部分時，該如何是好的線索。

◎試著反問下屬

如果下屬來問「該怎麼辦才好？」領導人儘可能不要立刻回答，可以試著反問**「你覺得怎麼辦才好？」**下屬當然是因為不知道才來問，但重要的是**「讓下屬說出自己的意見，就算說錯了也沒關係」。**

讓下屬養成儘量自己思考，表達自己意見的習慣，如果方向有誤，再修正即可。

另一個重要關鍵就是當下屬說出的意見和領導人的想法不同時，不要立刻否定他的想法，而是**先給予肯定，「原來你這麼想啊」、「的確也有這種想法」等。**然後**再把自己的想法告訴下屬，「如果是我會這麼做」**，這樣就好。

◎不叱責下屬

不論授權範圍多明確、指示多清楚，真的去做了之後，有時還是會發現新的必要事項，無法事前完美掌握全體工程。

領導人當然不可能未卜先知。所以做了之後發現的部分，只能讓下屬自行判斷後行動。

此時**千萬別叱責下屬自行思考後行動的部分。只要給他回饋，「下次這樣判斷，你覺得如何？」即可。**

只要和下屬溝通時意識到以上幾點，下屬自然逐漸會自行判斷後行動。培養下屬的判斷力可以加速下屬成長，領導人的時間也不至於全被下屬占據。

POINT

提供下屬判斷的基準，就算下屬錯了，也不要立刻否定他。不要叱責下屬自行判斷後所採取的行動。

06

改變嘴上說好，卻不行動的下屬想法

不是改變他的想法讓他行動，而是讓他行動後進而改變想法

✕ 著手改革信念

○ 促使改善行動

有一次研習課程結束後，一位大型壽險公司的管理階層來找我諮詢。

諮詢內容是關於嘴上說會努力開發新顧客，卻老是不行動的下屬。他雖然平日就不斷地告訴下屬要用積極的信念付諸行動，但下屬依然故我，所以才來找我諮詢如何改變下屬的想法。

很遺憾的是在諮詢階段，這位領導人就犯了一個錯。

許多領導人認為，「要做出結果就必須改善行動。所以必須改革下屬的想法」。

我看過許多領導人針對表現不佳的下屬，努力想推動信念改革，**「要用更積極的信念」**，但幾乎沒有順利成功的案例。

原本**要改變自己的想法就很難了，更遑論要改變別人的想法信念。**

◎頂尖業務員都不依賴信念

過去我曾經問三位頂尖業務員以下問題。他們有亮眼的業績，從進公司第一年起，連續七年年收都超過一千萬日圓。

「老實說，你有沒有士氣低落的時候？」

三個人的回答都是「有」。

我再追問，「你覺得開發新顧客很麻煩嗎？」

三個人都苦笑著回答「對」。

特別在發生很討厭的事時，他們會這麼想：

「今天下大雨，上班途中就全身濕透了。」

「上班途中被一個低頭滑手機不看路的人撞了。」

「昨晚陪客戶到深夜，根本沒睡飽。」

應該說，連頂尖業務員也覺得開發新顧客很麻煩。

他們的對策就是，**總之先做一件再說**。

這麼一來，他們**自然可以進入「工作模式」**。

德國精神醫師克雷培林（Emil Kraepelin）提出「勞動興奮」的概念。也就是原本雖然提不起勁，只要開始動手做，人類大腦中的伏隔核就會開始興奮，逐漸產生欲罷不能的衝勁。

人類的身體和精神就像是只要發動引擎，就會自動動起來的機械一樣，**只要開始做，就像打開開關一樣，即使是不喜歡的事，也可以持續下去。**

所以連頂尖業務員都不依賴「信念」。

會做事的人不依賴士氣，而是先做再說。

很多時候做了之後自然就有辦法。

所以與其改革「想法信念」，不如先想辦法改變下屬的「行動」。

◎支援他跨出第一步

但也不能一下子就突然要下屬一個人去「行動」。

人要跨出第一步，其實比想像中還難。

要下屬動起來，就必須諄諄善誘，讓下屬自行思考要做什麼，然後付諸行動。

社會上的確有嘴上說會做，卻遲遲不行動的「光說不練的下屬」，甚至應該說這種人才是多數。

對於這種下屬，領導人應該告訴他**「反正先做做看吧！你想從哪裡開始？」**

人對於自己說「我要做」而開始做的事，有持續行動以維持一貫性的傾向。所以領導人可以先從小事，如「找出編製整體時程表所需的任務」開始，先讓下屬展開具體行動。

POINT

就算是要改變自己的想法也很困難。先讓下屬從小事開始動起來。

07

努力卻做不出成果的下屬，該怎麼辦？

讓他覺得自己是有能力的人，促進改善

✕ 提出多個改善點

○ 鎖定一個改善重點

下屬C十分努力，可是總是做不出成果。領導人A很想幫他，卻總是不得要領。

C需要改善的地方很多。

領導人A為了下屬好，總是不厭其煩地指出下屬需要改善的地方，✕**「剛剛說的**

地方，你只要全部改好就可以了。」但卻得不到效果。因為一下子聽到那麼多需要改善的地方，反而不知該從何改起，而且要一次全部改正也難如登天。

再加上當一個人失去自信時，不但有問題的部分做不好，連原本沒問題的部分也變成有問題了，可能陷入惡性循環。

對於問題多多的下屬，必須讓他累積「改好了」的成功體驗，讓他越來越有自信。

◎改善也有優先順序

需要改善的地方很多時，**「先專心把這個改好吧。」**只要先鎖定一個地方修正即可。

鎖定一點可以專注集中，更容易著手。而且一次的改善「成功體驗」，又有助於下一次的改善。

至於該從哪裡開始著手改善，可以參考「02 以『成果』與『實現程度』為基準，不把重要工作留到最後」的內容，優先改善成果大的部分。改善後成果大，可以對自己的成功更有自信，士氣也因此獲得提升。

實現的可能性當然也很重要。如果從實現可能性低的部分開始著手改善，會因為遲遲無法改善而無法前進，最終灰心喪志。

因此領導人要以成果與實現程度為判斷基準，擬定分階段改善的計畫，決定第一階段改善〇〇，第二階段改善△△等。在修正某一階段的問題時，就先不要管其他的問題。

◎不要「追究原因」和「否定」

此時的**重點就是回饋下屬，滿足他的「自我效能」。**所謂「自我效能」就是一種需求，一種實際體會到自己是會做事的人、有所成長的需求。

一切順利時也就算了，可是萬一無法改善時就要小心。此時絕對不能做的事，就是「追究原因」和「否定」。

或許有人以為一定要追究原因才行。但是「追究原因」只會把對方逼入死胡同。**領導人應該做的事，是「改善弱點」。**

下屬一般不太願意積極改善弱點，更何況改善成功的機率又很低。

就算最終真的成功克服弱點，過程中可能也會經歷無數次失敗。此時領導人必須注意別讓下屬喪失勇氣。

所以領導人不應該追究原因，而應該問下屬下次打算如何進行（如何解決問題）。

在問的時候也要**小心不要給下屬壓力，可以運用「我訊息」（I Message）。**

所謂我訊息，指的就是用「我」為主語的說話方式，如「我覺得修改這個部分比較好」。

相對於我訊息的說法就是你訊息（YOU Message），以「你」，也就是對方為主語的說話方式，如「（你）應該改這裡」。

我訊息不過是領導人的意見，不會讓下屬感到壓力。

然後還要再問下屬「已達成的部分」與「下次打算如何進行」。如果下屬無法自己想到解決問題的對策（下次該如何是好），領導人就給他建議吧。

這麼一來下屬會覺得「自己不是一無是處，也有已達成的部分，有幫上忙」，**自我效能獲得滿足，也可以把焦點放在下一個改善點上。**

與其一次希望他全部改正，不如一個一個改，效果更好。

POINT

逐一改正，更容易有成果。

08

愛拖延的下屬說得頭頭是道，
但光說不練，實在很傷腦筋

說「什麼時候要開始？」比「什麼時候交」有效

✕ 領導人決定
○ 讓下屬決定

正拓展B2C（Business to Customer）業務的生活相關服務大公司的經營企劃部，每個月必須提交兩件企劃案。

領導人A的下屬C上個月匆匆忙忙地交出趕出來湊數的兩件企劃案，結果當然未獲採用。領導人A因此對C說：「希望你下次早點開始著手，交出更好的企劃案。」

結果C回答：「我已經在想點子了，現在手邊還有必須完成的工作正在做，做完我就會開始。」

要讓這種遲遲不動手的下屬動起來，到底該如何是好呢？

不知道大家有沒有聽過「時間不一致性」？

這指的是同一件事會因為實行時期不同，而覺得難度不同的現象。

人通常覺得未來會比現在好，未來的自己能力會比現在的自己好。

隨著時間經過，明天、三天後、一週後應該會比今天順利。可是「之後再做就會做了」、「再多一點時間就會想出好點子」，這其實不過是錯覺。就算拖到明天，甚至是三天後、一週後，還是想不出好點子。

◎設定「開始的截止期限」

拖延其實沒有任何意義。與其拖延後再全速衝刺，不如把衝刺的能量先發揮出來，一開始就使出全力，這樣更能專注集中，也可以縮短工作的時間。因此也更有時間仔細推敲，成果更有品質。

工作順利進行的人，除了什麼時候完成的「截止期限」外，也會制定「開始的截止期限」，也就是什麼時候開始。

無法如期完成工作的人，大多是太慢才開始。只要開始，可說就完成一半了。

福特汽車創始人亨利・福特（Henry Ford）有句名言，「只要把事情切割成數個小部分，再困難的工作也會變得容易」（Nothing is particularly hard if you divide it into small jobs）。

一開始著手時，就把由開始著手到完成為止的一連串工作，細分成許多小任務，然後每一個小任務花約五分鐘去完成。

以寫企劃案為例，將開始著手到完成為止的一連串工作細分成許多小任務，如「一個人腦力激盪提出十個點子」、「描繪成品的大致印象」等。

另外「開始的截止期限」，與其由領導人決定×**「希望你○日前開始動手。」**不如問下屬○**「你什麼時候要開始？」**讓下屬自行決定。

這是**因為有「行動宣示效果」，也就是指一個人用言語或文章公開自己的想法後，他就會有守護這種想法到最後的傾向。**

老是拖拖拉拉不著手開始工作的人，只要讓他決定「開始的截止期限」，不光是企劃書起草，連整體工作他都會儘早開始著手，就不會再有遲遲不付諸行動的問題了。

POINT

拖拖拉拉不開始動手做的下屬，就讓他自己決定何時要開始。

09

老說「時間不夠」，不聽我說

定下「什麼都不做」的時間，改變工作方式

✕ 告訴他「要做」

○ 告訴他「不做」

根據二〇一六年三月公布的行政法人勞動政策研究研修機構「勞動時間管理與有效率的工作方式相關調查」，法定勞動時間以外的工作時間長，第一名的原因是「業務淡旺季波動大，容易發生突發性業務」，第二名則是「人手不足」（每人工作量太大）。

每人工作量增加，但因為準時下班和減少加班的要求，可用於工作的時間反而變短了。

現代已經是必須追求工作效率的時代了。可是即便工作量大，還是有優秀的人可以在規定時間內完成工作，交出成果。

另一方面，也有人無法有效運用時間，交不出成果。

大型保險公司企劃部的C因為同事調職，負責的工作增加了，結果錯誤變多，成品品質也變差，整體來說工作品質下滑了。

領導人A想改變這個狀況，就跟他說**「只要再提升一點效率，你一定可以的。」**結果C的回答總是「時間不夠」。

對於這樣的下屬，應該如何給他建議呢？

◎減少一天可用時間

只叫人家「提升效率」實在很抽象，也不知具體應該如何行動才好。

首先工作不是一個人自己埋頭苦幹就好，有時也必須和其他人溝通。所以光說「提升效率」也無法解決問題。

原本大家就不應該以為上班時間可以百分之百用來工作，有時會收到電郵，有時和顧客或其他部門同事，也會有意料之外的往來。

所以工作時必須考慮到會有這些雜事。

此外，有些工作可以利用零碎的時間拼湊完成；但有些工作卻需要一段完整的時間。

所以要指示下屬**「留下什麼都不做的時間」**。

舉例來說，「一天留下兩個小時，什麼都不做」，下屬就必須改變目前的工作方式。因為每天可運用的時間少了兩個小時。

帕金森指出，「因為時間太多而做不出成果，遠多於因為沒有時間才做不出成果」。

當人覺得還有很多時間時，就會無意義地膨脹工作，用盡所有時間，到最後一分鐘才要完成工作。

所以**藉由減少時間，讓人意識到不要做無謂的工作。**

「什麼都不做的時間」如果真的沒有事做，也可以當成一段完整的時間來運用。

◎養成確保一段完整時間的習慣

彼得・杜拉克的著作《杜拉克談高效能的5個習慣》（*The Effective Executive*）中提及，「要提升成果就必須有一段可自由運用的完整時間。必須有一段完整的時間，並知道零碎時間派不上用處。就算只有四分之一天的時間，只要是一段完整的時間，就足以用來做重要的事。反之就算有四分之三天的時間，可是時間卻被切得很零碎，這樣其實沒什麼用處。」

如果想著要利用短暫的零碎時間，拼湊完成工作，會導致工作精度下滑，也容易犯錯。從冷靜下來工作的角度來看，不能犯錯的工作還是用一段完整的時間來完成吧。為了確保一段完整的時間，才要**告訴下屬「留下一段什麼都不做的時間」**。

要確保一段完整的時間，必須從年輕時開始養成習慣。領導人應根據「為了不犯錯」的短期觀點，與「為了將來可以確實管理時間」的長期觀點，來指導下屬養成習慣。

等到將來晉升到高層，需要完整時間去做的工作也會越來越多。制定「什麼都不做的時間」，可以減少失誤，加快工作速度。

POINT

塞太多工作只會得到反效果。
安排一段「什麼都不做的時間」吧。

第二章

領導人的說話藝術

——錯誤百出的下屬

10

老犯相同錯誤的下屬，
怎麼說才能讓他改善？

改成好像錯在領導人一樣的問法

✕ **斷定錯在下屬身上去問下屬**

○ **假設錯在領導人身上去問下屬**

對於老犯相同錯誤的下屬，與其問他「為什麼犯錯？」不如問**「犯錯的原因是什麼？」**

因為問「為什麼」時，焦點是在人身上，而問「什麼」時，焦點則是在事物上。

所以被人家問到「為什麼」時，會覺得原因好像是在自己身上，增加自己的罪惡感。

反省很好，但更重要的是「改善行動」。問「什麼」可以讓下屬客觀地回顧自己哪個部分出了問題，積極改善行動。

就我的經驗，許多領導人都採用上述指導方法。

透過研習與講座促使下屬改善行動的人也越來越多了。

即使如此，還是有下屬老犯相同錯誤。

到底該如何做，才能讓下屬改善呢？

◎你是一個可以商量的領導人嗎？

老犯相同錯誤大致有兩種原因。

- 未發現錯誤
- 不知如何改善

前者只要用前面的「什麼」問法，下屬自己應該就可以發現吧，然後就會採取對策預防再犯。

問題是後者。因為不敢對領導人說自己不知道，下屬永遠得不到改善方法的建議。

在領導人面前，下屬通常不會積極說出犯錯的原因和經過。

就算是在不太會罵人的領導人面前，下屬也很難開口說出會影響自己考績的事。

領導人也一樣。在社長等自己的上司面前，通常不會積極揭露自己的失誤或負面要素。

在領導人面前，下屬會希望自己儘可能地展現好的一面，就算沒有太好的一面，也會努力不露出不好的一面。

◎把下屬的問題當成是領導人傳達的問題

所以領導人必須讓下屬覺得「找領導人商量也沒關係」。領導人必須有意引導下屬，讓下屬容易說出犯錯的原因。

即使領導人本身沒有問題，面對下屬時也要用**「大概是我的傳達方式不夠好吧！」**、**「我的說法是不是不太好懂？」**、**「是不是有模糊不清的地方？」**等說法。

也就是面對下屬時，讓下屬覺得問題不在自己身上，而**在領導人傳達的方法上**。然後再問下屬「我的傳達方式可能不夠好，**你覺得我怎麼說會比較好？」**

如果下屬一言不發，就再告訴他「我希望你多給我一些意見，只有一個也可以，教教我吧。」、「只有一個也可以。」這樣下屬也比較容易開口。

然後再問下屬**「○○，你自己覺得怎麼做才不會再犯錯？」**此時因為領導人已經先說了，下屬也比較容易敞開心胸。如果下屬說出合宜的改善點，就告訴他**「多說一些你覺得雙方都要改善比較好的部分，或雙方都有錯的部分。」**

如果下屬說不出合宜的改善點，就告訴他**「我以為犯錯的原因可能是這裡。」重要的是讓下屬敢說出犯錯的原因，願意商量**。因此一開始領導人先以問題在自己身上為前提發問，然後再提到下屬的問題。

POINT

站在原因不在下屬身上，
而在領導人傳達方式的立場發問。

11

我以為他工作量太大也做了調整，
但他還是錯誤連連

斷定超出負荷前，先懷疑工作方式

× 減少工作量

○ 改變工作方式

當下屬工作常出錯時，或許是他的工作量超出負荷了。

化學品廠經營企劃部的C很優秀，所以他的工作也很多，最近犯錯頻率越來越高。

工作好像總是會集中到讓人放心、願意接手的人身上。

工作超出自己負荷的人，通常都是不敢拒絕的人。因為不想拒絕別人被人討厭，只好接下工作。

可是再怎麼優秀的人材，一旦工作大幅超出負荷，就會犯錯。

而且如果錯誤連連，最後甚至身心靈都可能出毛病。

特別是像C這種會做事的下屬，會覺得開口要求「請減少我的工作量」，就好像是說「我無能」一樣，所以更容易超出負荷。

領導人A也覺得C錯誤連連，可能是因為工作量太多。

所以A就對C說×**「你的工作量太多了。」**把他的部分工作轉給其他人。

A以為幫C減少工作負荷後，錯誤應該就會減少了，誰知C還是錯誤連連。

再仔細和C聊了一下，A發現搞錯犯錯的原因了。

問題不在於工作量超出負荷，而在於工作方式。

A的想法是錯的。

C還年輕，今後隨著年資增加、升遷，他的工作只會越來越多。所以必須趁現在提升他的工作效率，讓他能順利處理許多工作。就算導入工作方式改革，工作量還是會隨著年資增加，越來越多。

我們必須讓自己的工作方式進化，排除浪費，把效率放在心上工作。

A透過和C的面談，**「上次交給你的工作，如果你有仔細安排好工作順序就好了。」**讓C發現自己的工作方式有問題。

◎不是「不知道」，就是「沒做」

工作方式有問題時，只有兩種可能原因，不是「不知道還有更好的方法」，就是「知道但沒做」。

如果是不知道，只要告訴他「這樣做，工作就會更順利」即可。

例如，下屬可能只是不知道縮短時間的電腦技巧，如EXCEL函數或巨集、不知如何找出適合編製企劃的模板、不知如何搜尋資料等。

「企劃書要做成模板。」

「成品要交給誰、對方的需要放在心上，簡化成品。」

「常用單字要登錄在單字表中。」

可能也只是因為下屬不知道這些提升工作效率的方法。

最後C發現還有更好的工作方式和提升效率的方式，就算工作量增加，他也可以不犯錯。

另一方面，知道有效率的方法卻不執行，可能是擔心改變方法後做事不順利。此時就必須一直要求他採用有效率的方法。

進入下一階段一定需要進化。**不論下屬再怎麼優秀，領導人都必須讓他發現「是不是還有改善的空間？」**這樣才能更有效率地工作。

領導人要觀察下屬，如果想到更好的工作方式，就要不厭其煩地告訴下屬還有改善的空間。

重點不在於下屬聽了領導人的話會去改善，而是**要引導下屬把改善放在心上，**

自行改善。

因此必須讓下屬發現自己目前的工作方式，無法應付未來的需要。所以不能減少下屬的工作量。只要工作量不變，下屬必然會去設想必須改變工作方法。

雖然這種處理方式有點激烈，但還是別減少工作量，讓下屬把改善放在心上吧。

POINT

有時可能是擔心改變方法後做事不順利，但必須讓下屬意識到還有改善的空間。

下屬老犯低級錯誤，想防患未然

12

減少低級錯誤，提醒運動最有效

✕ 思考今後的預防對策，交給下屬檢查

〇 不仔細檢查下屬的預防對策，只是定期拿出來當話題即可

再怎麼追求工作效率，只要是人就不可能永遠不出錯。既然無法不出錯，預防犯錯就很重要了。

A老犯低級錯誤，例如填寫顧客資料時，把經辦姓名寫成同音字，這應該是輸入EXCEL表時選錯字又沒發現。結果收到賬單的顧客通知會計部，才發現這個錯誤。

預防對策就是主管要求他以後輸入完，必須再拿出名片來對照一次。

誰知過了半年左右，A又犯錯了。這次是寫錯其他公司的公司名稱。

這種錯誤可能會影響公司的信用。

大家都以為大概沒事了的時候，錯誤又發生了。

◎「放手」是不是變成「放著不管」了？

這是我顧客公司的實際案例。犯一點點小錯，最後損失慘重的例子真的很多。而且這些其實都是可以避免的錯誤。只是因為碰巧沒有確認就出錯，真的令人後悔莫及。

第一次出錯時，雖然有跟下屬說**「你想想今後怎麼做才不會再犯。」**之後好像就丟給下屬處理了。「放手」說來好聽，其實不過是「放著不管」。

所以應該如何預防下屬犯低級錯誤呢？

在這個案例中，讓下屬思考今後的對策並沒有錯。

但如果三不五時就要針對錯誤思考對策，就無法順利工作，如果領導人還要每次確認，時間再多也不夠用。

說穿了，如果領導人把時間花在減少下屬犯錯上，以成本效益來看實在是不划算的投資。

◎不增加確認的地方

重點就是不要以為「只要有注意就好」。容易出錯的工作當然應該細心注意，但光注意並無法預防出錯。

當工作量增加或有突發狀況時，人的注意力總是容易分散，這是無法避免的。所以必須建立在必要處提醒注意的制度。

以前面的輸入錯誤為例，可以建立一個工作規則，也就是輸入一筆資料後，就要用手指著名片出聲確認。這個規則乍看之下很麻煩很花時間，可是比起犯錯後補正的時間與金錢損失，成本相對低很多。

不過這裡也有一點要注意，就是出聲確認的地方要適可而止。如果要確認的地方太多，就會因為太麻煩，忙碌時很容易跳過不做。所以最好只鎖定一個要確認的地方。

然後再提醒下屬，**「之前出過這種錯誤吧，不要忘了檢查。」**即可。

此外，在旺季等特別需要注意的時期，也可以寫在白板上提醒大家注意。做到這種程度，雖然無法讓出錯機率歸零，但應該可以大幅減少低級錯誤的發生。

重點就是簡化需確認的地方，並定期提醒大家持續確認（落實規則）。

POINT

配合出錯週期，定期提出確認的話題，下屬自然會小心注意。

13

以零客訴為小組目標，結果反而犯大錯

以排除客訴為目標，會形成隱瞞體質

✕ 避免客訴

○ 歡迎客訴

不管工作成果如何完美，只要對象是人，多少就有客訴。客訴處理不當，會嚴重影響工作。

沒人想聽人抱怨。可是客訴處理得好，可以化危機為轉機。

有時從客訴中掌握顧客需求，可作為開發新商品的參考。有時因為即時細心處理客訴，強化和顧客之間的信賴關係，可讓顧客變常客。

客訴是下屬成長必經之路。

那麼領導人應該如何管理客訴呢？

◎大弊端從隱瞞小事開始

有一家郵購公司推行讓客訴歸零的「零客訴運動」。管理客服中心的A鼓勵下屬，**「絕對不要讓客訴出現。」**

過了五個月，就快要達成連續六個月零客訴的目標，內部已經開始準備慶祝時，客訴來了，內容是「商品送錯了」。

接到客訴電話的人是A的下屬C。

他很擔心「零客訴紀錄毀在我手上」，會被同事罵，就通知顧客會「立刻寄出商品」。他想用快速回應來解決客訴。

然而商品卻沒有存貨，去問廠商，得到的回覆是一週後才會進貨。

他打電話向顧客報告，顧客果然很生氣，「你不是說會立刻寄來嗎？」於是C決定將錯就錯，建議顧客「還是我為您寄出類似商品？」

結果顧客更生氣了，問題演變成不是C可以解決的大問題。

許多大弊端都源自小小的隱瞞。

海因里希法則（Heinrich's law）指出一件「重大弊端」的背後，會有二十九件「輕微弊端」和三百件「異常」。

放著不管，長久下來可能演變成重大弊端的異常，也就是「危險隱患」。如果能在危險隱患的階段解決問題，可預防演變成重大弊端。這個道理也可套用在客訴處理上。

發生客訴時，站在顧客立場誠心處理，可避免客訴變大。

當然不要發生客訴最好。

可是處理客訴也可以成為日後的寶貴經驗。

星野集團（日本高級酒店連鎖集團）社長星野佳路強調，「重點是不能把客訴當成壞事，要把它當成好事，用『怎麼做才可以避免再次發生』的態度去面對它。」他還說，「而且不能叱責報告有客訴的員工。」

◎正視客訴

之後C的領導人A雖然還是一直說要「減少客訴」，但卻沒舉辦零客訴運動，而是告訴下屬**「客訴是免不了的，我也不會因為這樣叱責你們，所以有客訴就立刻來報告，不報告的人自己知道會有什麼下場吧？」**他把方針改成「叱責不報告的人」。

後來聽說不管客訴或錯誤多小，下屬都會來報告。

站在下屬的立場，向A報告並商量，還可以得到處理客訴的提示。

而讓小客訴變大問題的C也自我反省。

不給下屬不必要的壓力。讓接到客訴的下屬容易說出來，傾聽後冷靜地討論「今後應該如何處理？」即可。

這樣也不會發生隱瞞的問題。

我並不是說客訴一定是好事，但一定是一個經驗。

只要正視並加以處理，下屬會有很大的成長。因為下屬連輕微的客訴都提出來，領導人就有機會給下屬處理與對策的建議。

其實後來A的公司客訴變多了。正確來說，應該是以前被隱瞞的客訴都被拿到檯面上來處理了。

對下屬來說，要報告客訴很難，但這卻是下屬成長的機會。小小的隱瞞可能演變成大問題。**領導人必須理解這一點，打造下屬容易報告的環境。**

POINT

建立可以共享負面資訊的環境，儘可能成為下屬的後援。

14

如何讓只想維持現狀，
沒有野心的下屬動起來？

告訴他「不積極挑戰，考績會變差」

✕ 讓下屬安心

○ 讓下屬有危機意識

最近常有領導人手下有年資屆滿無法續任管理階層，變成基層員工的資深人員，或以特約方式續聘的資深人員。

這些人有豐富的知識、經驗和人脈，就領導人的角度來看，可說是很值得信賴的存在，有助於傳承技術與培育後進。

大和房屋工業株式會社於二〇一三年導入「六十五歲退休制」，據說百分之九十二的人選擇續聘。有鑑於今後工作人口減少，應該會有越來越多的公司選擇聘僱或續聘高齡者。

既然身為領導人，今後自然不可能不和資深高齡下屬打交道。

資深下屬中有人鬥志滿滿，以終身活躍在第一線為目標，也有人因為待遇和薪資降低而喪失幹勁。

就算考績再好也沒機會升遷或加薪，所以一些資深下屬的心態就是「領現在的薪水，不要出錯就好」。

對於這種下屬，再怎麼高談闊論理想，也很難提振士氣。但作為領導人，完全不求上進的下屬令人困擾，還可能影響其他人的士氣。

會有這種想法的下屬，不光是資深人員，這是實力主義的影響。也有些年輕人放棄升遷或加薪，只想維持現狀。

有些領導人會試圖講道理來讓下屬動起來，「不做新嘗試未來堪慮哦」，但其實沒什麼用。

不過這些人雖說只想維持現狀，其實他們也擔心考績變差。

對於只想做自己做過且擅長的工作，逃避不擅長的工作或新工作的下屬，應該如何跟他們說呢？

◎傳達不做的慘痛結果

有位在大型服務公司促銷部服務的三十多歲領導人A，聽完演講後來找我諮詢。內容是「團隊中有位帶給大家不良影響的年長下屬C，我該如何跟他溝通？」

C是經由高齡者聘僱管道進入公司的六十多歲正職員工，原本在大型廣告公司上班，然後才轉換跑道到現在的公司。他原本是業務人員，因屆齡退休調到促銷部。

C手上只有例行工作，所以A決定讓他和三十出頭的下屬D一起負責企劃新活動。

可是C卻表示「競爭對手也做一樣的事，很難成功的啦！」、「我年輕時也想過一樣的事，但我們公司不可能做到啦！」等等。

D有心面對挑戰，但C卻拖拖拉拉遲遲不行動，兩人於是開始對立。因為C較年長，D無法老實說出自己的意見。

這個案例中，C並不是因為這項工作絕對不可能成功而不想做。他是因為擔心失敗丟臉，所以不想做。

對於這類型的下屬，就算跟他們說×**「就算挑戰失敗也不會影響考績。」**想讓他們放心，也沒有用。

因為他們會覺得現狀這樣就好了。領導人必須告訴他們「不做的慘痛結果」，告訴他們○**「不積極挑戰，考績會變差哦。」**

人決定要挑戰，不是為了藉由挑戰得到快樂，就是為了藉由挑戰避免慘痛結果。所以要告訴他們「可以避免慘痛結果」。

於是A告訴C**「去做了就算失敗也不會影響考績」**，**以及「不做的話考績會變差」**。

C害怕考績變差，終於動了起來。他和D合作推動工作，最後終於舉辦了活動。可是原訂邀請三百位賓客，最後只來了一百三十位，收支完全無法打平，虧了一大筆。

雖然A說「去做了就算失敗也不會影響考績」，但C心裡其實已經有考績變差的覺悟了。

可是A卻說「勇於挑戰本身就值得肯定，下次一起努力讓它成功吧。」

之後連續失敗三次後，第四次活動終於成功了，來客人數超過目標。

可能因為這樣，讓D有了自信，開始會主動建議「也來辦其他活動吧」等。

如果可以的話，**領導人應傳達「從事新工作的好處」**。

對於聽到好處還是遲遲不肯付諸行動的下屬，讓他們感受到「不做的慘痛結果」，心生恐懼，有時也是為了下屬好。

POINT

有時也要下猛藥，
告訴下屬不動起來考績會變差。

15

下屬跟我離心了，我錯在哪？

需要道歉的案子在擔心顧客前，要先安慰下屬

✕ 先擔心顧客

○ 優先安慰下屬

工作時最重要的就是「顧客」吧。

以前流行一句話「顧客就是神」，但進入令和（德仁天皇年號，二〇一九年起）時代後已經不同了。顧客當然很重要，所以公司重視「顧客滿意度」。

但隨著工作人口減少，越來越多公司也開始看重員工，重視「員工滿意度」。

對領導人來說，下屬很重要。

◎一句話喪失信用的領導人

這是某日用品大廠的例子。該公司用優惠價報了價，結果請款時卻用原價請款。顧客經辦打電話給C說，「我的上司很生氣，說『怎麼可以和連請款價格都會搞錯的人做生意？』前幾天的交易也弄錯數量……。請立刻寄一張新的請款單過來。」

這已經是第二次犯錯了，第一次是弄錯商品種類和數量。好不容易和大公司做生意，犯這種錯可是大事。C雖然打電話通知了領導人A，但A因為約好和大客戶見面，無法立刻回公司，所以C就自己前去顧客公司道歉。

C因為待過客服中心，有因應客訴的經驗，所以自己一個人去解決了這件事。結果顧客雖然答應繼續往來，但卻很嚴厲地叱責了C。特別是顧客的上司是一位年長男性，給人很大的壓迫感，C被電得很慘。

C回到公司後領導人A也回來了。他一開口就問C**「顧客那邊還好嗎？」**C回答，「嗯，好不容易安撫好了。」因為A已經知道事情的來龍去脈，就說「顧客安撫好就好。」也沒再深究。

看起來這件事好像告一段落了，可是第二天開始C的態度好像就變了，變得很見外。而且不只是C，其他員工也洋溢著不自然的氣氛。

◎領導人必須是大家的避風港

A的應對究竟哪裡出了問題？

C從顧客家回來之後，A的應對並不好。如果他採用更好的應對方式，或許反而可以獲得下屬信任。他**應該展現「同理心」**。

具體來說，他應該安慰下屬**「你辛苦了」**、**「很難說出口吧」**。

因為客訴被嚴厲叱責，有了很不好的體驗時，人們會想找一個「避風港」。所謂「避風港」，就是發生萬一時可以依賴、可以守護自己的場所，也就是心靈的支柱。

領導人只要安慰下屬**，成為下屬的「避風港」即可。**

回到安全、安心的場所後，領導人的第一句話卻是擔心顧客，下屬會很受傷，「我這麼努力，你卻不能保護我，你一點都不重視我。」

特別是遇上大問題時，下屬不會錯過領導人的反應。就算平常是位很值得信賴的領導人，發生大事時卻畏畏縮縮，甚至無視下屬的存在，立刻會喪失下屬信賴。

比起「顧客滿意度」，領導人更應重視「員工滿意度」。

只要領導人重視員工滿意度，重視員工，員工自然會因為受到期許而立志努力，士氣因而提升，工作品質變好。而這也會影響顧客滿意度。

當下屬陷入窘境時，領導人應該先安慰下屬，而不是先擔心顧客。這一點十分重要。

POINT

擔心顧客前先擔心下屬吧，光這麼做就可以提升信賴感。

16

沒有成果的領導人可以叱責下屬嗎？我好為難

再次確認員工與領導人各自的職責

× 畏畏縮縮地說

○ 嚴厲叱責

身負全責的領導人自己做不出成果時，可以先不管自己的表現，叱責下屬嗎？

這實在讓人很為難。

× 領導人A叱責下屬時，總是很低調、畏畏縮縮地說。

「其實我也沒有立場說這種話，不過我們還是努力挽回吧。」

聽來好像領導人很謙虛，但卻未發揮「叱責」的功能。「其實我也沒有立場說這種話」、「我說這種話可能不太有說服力」等，用這種方式畏畏縮縮地叱責下屬，根本達不到叱責的目的。

反之，另一位領導人B不管自己成績如何，總是嚴厲叱責下屬。但他不會感情用事，也不會因人改變態度，反而獲得下屬信賴。

◎放棄不能輸給下屬的想法

哪一種才是領導人應有的正確態度呢？

B的態度才是對的。當然一定也有人和A一樣，覺得如果自己沒有做出成果，就無法說服下屬，所以應該等自己也做出成果後再說。

像A的這種想法，可說是未能正確區分員工和管理者的職責，沒有做好管理工作。

因此團隊工作失衡，原本下屬應該做的事被管理者搶去做，對下屬也沒有好處。

原則上員工是「自己工作的人」，而**管理者則是「扮演輔佐下屬的角色，讓團隊和下屬成長的人」**。管理者必須確實認知這兩者的差異。

哈佛大學教授羅伯特・卡茲（Robert Katz）提出管理知能階段論（Katz model），指出現場員工需要有「技術能力」，但現場管理者則需要「人際能力」。

原本員工和管理者就需要不同的能力。

所以領導人應該放棄自己必須比下屬優秀、不能輸給下屬的想法。領導人不能和下屬爭勝負。原本管理者和員工之間就不是上下關係，不過是角色不同。

◎越來越多領導人不敢叱責下屬

不論自己身為員工的業績好不好，站在管理者的立場，叱責下屬其實也是一種工作。

不同於昭和（昭和天皇年號，一九二六～一九八九）時代的領導人，現今越來越多「不敢罵人的領導人」。

相對地很多下屬其實「希望被罵」，因為他們很希望在工作方面有所成長。叱責這件事只要方法對了，並不會出問題。

會搞壞領導人和下屬的關係，通常是因為領導人搞混了「叱責」和「發飆」。「叱責」是為了改善下屬的行動，而「發飆」則是領導人自身情緒需控管。

「叱責」是為了下屬好，所以太過擔心而不叱責下屬，是領導人太自私，也可說是領導人未盡責。

首先領導人應該明確指出希望下屬改善的部分，並問下屬「這個月你好像還是無法達標，**你打算怎麼挽回呢？**」

之後再看下屬的回應，按以下方式因應：

◎「我會努力」、「我會想辦法」等無具體想法時

有時下屬是真的什麼也沒想，有時是想粉飾太平。

此時領導人必須進一步追問，**「你想怎麼努力？」、「我知道你會想辦法，但具體來說你打算怎麼做？」**

◎下屬反擊「你自己還不是沒達標？」時

這個狀況下先不要反駁下屬的意見。

先用「你說得對」接受下屬的意見，再反問他**「那我們一起來想想今後該如何挽回吧，你有沒有什麼好建議？」**

重要的是領導人提出的問題，要能引導出下屬的答案。

此時因為不是「我沒資格說」這種客氣的說法，可促使下屬改善行動。

如果下屬的想法太天真，只想粉飾太平時，領導人就要給他回饋，「那種行動

太難了」、「那個方法有難度」等，再問他「有沒有其他想法？」一個接著一個問題問下去，最後下屬會回答不出來。在這個階段再提出「怎麼做比較好」的建議，下屬也比較容易接受。

培育下屬是領導人的重要工作。當下屬朝錯誤方向行動時，必須叱責他以修正他的行動。

無論自己身為員工的業績是好是壞，身為領導人，叱責就是工作。

POINT

員工與領導人只是職責不同，不能逃避叱責。

第三章

領導人的說話藝術

——停止工作的下屬

17

他明明說「沒問題」，結果問題大了……
下屬不肯說真話時該怎麼辦？

想問出下屬真心話時，要先提高心理安全感

× 心中已下定論的問法

○ 以有困擾為前提的問法

某化學品大廠升任領導人三年的A來找我諮詢。

「我該如何指導停止做事的下屬呢？」

前幾天他請下屬製作開會要用的資料，結果超過交期一小時，他還是沒交出來。A就說「希望兩小時後你能交出來，×**你做得到吧？**」、「**沒問題吧？**」

下屬C雖然回答「可以」，但兩小時後還是交不出來。已經快到下班時間了，結果A只好把交辦給C的工作帶回家，自己加班趕工。

後來他問了其他下屬，好像是臨時有顧客請C做事，C就去忙那邊的事了。可是C也擔心被A罵「到底哪邊比較重要！」所以沒跟A報告。

這件事的問題不光是「停止做事」，也同時潛藏著其他問題，也就是下屬「不敢說真心話」。原因出在領導人身上。

站在下屬立場，領導人位階比自己高。領導人或許不覺得，但下屬還是會覺得受到威脅。所以當領導人問「沒問題吧？」下屬很難開口說「有問題」。

◎下屬閉口不言的原因

Google經營團隊時，很重視「心理安全感」要素。

所謂團隊的心理安全感，係指「團隊成員認為在團隊裡面人際互動間的冒險是安全的……在團隊裡可以安心做自己的團隊風土文化。」（《教練》〔*Trillion*

Dollar Coach〕）

Google針對團隊成功關鍵的調查，也顯示出心理安全感是最重要的要素。**心理安全感強的團隊，可以放心對領導人與同事說出自己的意見。**因為他們未感受到「說出來會被罵」、「可能影響考績」等負面要素。

反之，心理安全感不足的團隊，因為擔心說出意見會被罵或影響考績，所以下屬什麼都不會說。

前述A的團隊就欠缺心理安全感。

但是心理安全感強的組織，並不只是透明公開或感情好而已。這並不是要建立「同溫層」組織，而是要打造消除不必要的壓力，有困難時敢於提出來討論的環境。對於不敢說出自己想法的下屬，必須醞釀一個敢說的氛圍。

◎用「開放式提問」引導下屬說出來

前面「沒問題吧？」的問題，屬於封閉式提問，也就是答案不是「YES」就是「NO」。

當然下屬可以回答「NO」，可是對於上司交辦的事，下屬很難說出「NO」。

其中當然也有下屬敢明確回答「NO」，但可能會到截止日迫在眉睫時才說出來吧。

以前面的案例來說，為了讓下屬更容易說出真心話，只要在「希望兩小時後你能交出來」之後，再加上**「你現在手邊還有什麼工作？」**、**「你覺得哪個部分比較花時間？」**、**「有哪裡不清楚，或覺得困擾？」**即可。

這種提問方式就是「開放式提問」，必須用「YES」、「NO」以外的方式回答。

因為提問是以有影響兩小時完成的要素、有覺得困擾的部分為前提，下屬如果真的覺得有困擾，就容易老實說出來。

了解真正的狀況才能調整，如請其他人來幫忙等。

下屬的工作速度雖不一定能因此提升，但可以讓人放心。

總而言之，**確保下屬的「心理安全感」，下屬更容易說出真心話。**不只是表面可見的問題，連潛藏在背後的問題也會浮上檯面。因此可以掌握下屬根本的問題，也才能提出一針見血的指導。

POINT

「沒問題吧？」的問題只能得到「沒問題」的回答。
試著消除不必要的壓力，用困難時解圍的立場提問。

18

明明老實告訴他「因為是你我才敢放心交辦」，下屬卻擔心風險而拒絕

要改變面對工作時的態度，只要減少他的擔心即可

✕ 努力提升鬥志

〇 避免鬥志下滑

一般社團法人日本能率協會編製的「二〇一九年度新入社員意識調查報告書」顯示，新進員工「工作面的不安」，由「職場人際關係」和「工作上的失敗或失誤」並列第一。

這份資料正好顯示出現代許多下屬被交辦重要工作時並不會覺得高興，反而不

想承擔風險。

看到這些資料，領導人可能會以為只要減輕風險，不影響下屬士氣，就可以解決問題。

但不承擔風險，下屬就不會成長。

知名顧問公司的領導人A認為交辦困難的工作給下屬時，只要說「這只有你做得到」，刺激他的自尊心即可。

對有心挑戰新事物的下屬說×**「這是公司到目前為止都沒碰過的領域。」**對有升遷野心的下屬說×**「只要完成這項工作，升遷加薪的可能性大增。」**下屬的鬥志自然高漲。

充滿自信的下屬自然會積極接受工作，但下屬不全是這種人。

◎消除風險

提升士氣是一件很困難的事。

再怎麼努力提升下屬士氣，有時也可能徒勞無功。

領導人努力提升下屬士氣卻始終無效時，講白點，就是白花時間在那種下屬身上了。

所以**只要維持「鬥志不下滑」的狀態即可，重點就是儘可能地消除風險。**

舉例來說，要推動過去不曾做過的新工作時，每個人心中或多或少都會不安，「真的能如期完成嗎？」、「自己來做可以維持品質嗎？」、「成品可以讓對方滿意嗎？」等等，而且這類型的下屬常被認為是不願意負責。

到目的地為止的一連串工作如果只能茫然地去做，可能會覺得很困難。因此領導人要將任務逐一分解，問下屬**「哪個部分讓你擔心？」**說明下屬覺得不安的任務。

然後再告訴下屬，「做了之後如果覺得不順，我會協助你，不用擔心。」

對於擔心風險的下屬，領導人很難提升他們的士氣，所以不用勉強，反而應該避免士氣下滑。**要消除他們的不安，告訴他們「只要注意這裡就沒問題了」。**

POINT

領導人的工作不是提升士氣，而是避免士氣下滑。
只要領導人成為下屬的後盾，下屬自然敢勇往直前。

19

現在的工作表現不好。
我想派他去做其他業務，他會不會因此辭職？

找出並活用下屬長處，明確告知目前的問題所在

✕ 只告訴他好的一面並調動職務

○ 也告訴他不好的一面並調動職務

現在每個人的業務量都有增加的趨勢。

有人辭職也不能補人，只能由留下來的人分攤工作，所以如果有下屬表現不好，真的不能放著不管。

對於在目前崗位上做不出預期表現的下屬，「本人應該也很痛苦，我想調整他

負責的業務」。但是該如何告訴他才好呢？

外資高級連鎖飯店營業推廣部的A課長手下，有一位老是犯錯重做，表現欠佳的下屬C，A很想解決這個問題。

C很不擅長寫企劃、在會議上發言，但非常會用Excel和PowerPoint，同事也常請教他Excel函數的技巧。

既然C有這個長處，A課長打算活用他擅長的Excel技巧。所以A課長就告訴C，✗**「因為你很會用Excel，我要調整你的工作。」**

A告訴C這項調動是為了活用他的長處。

可是C自己知道「我很不會跟別人溝通，也缺乏會議發表的技巧，最近很焦躁，失誤也很多」，所以他很明白這項職務調動其實有負面含意。

如果是為了升遷做準備的職務調動也就算了，現在卻是因為負面考量而被調動。

只告訴C好的一面，對他並沒有好處。因為如果本來就沒有問題，也不會調動。就算告訴他「因為你很會用Excel」，把他調到其他部門，新部門還是會開會，也必須和別人溝通。

也有人認為「看一個人不要看缺點，看優點就好了」，但缺點不是放著不管就好。把缺點放著不管，對下屬來說並不是好事。

只告訴下屬好的一面，下屬可能會以為自己這樣就好了。

所以確實傳達不好的一面很重要。

以這個例子來說，要告訴下屬**「我覺得你很難繼續目前的工作。**因為你擅長整理資料，我會增加你這方面的工作量。同時雖然你不擅長，我還是希望你努力強化自己的溝通力。」

像A課長這種只說好的一面的領導人，無法獲得下屬信任。好壞都說的領導人，才能獲得下屬信任，下屬才會覺得「領導人真的有在關心自己」。

◎確實指出不好的地方

前一陣子很流行「稱讚式培育」，然而只有稱讚無法和下屬建立信賴關係。**也會確實傳達不好的一面的領導人，才能獲得下屬信任。領導人必須兼具「溫柔面」與「嚴格面」。**

二〇一九年十一月針對在萬寶華集團（Manpower Group，人事顧問公司）任職不到三年的四百位正職員工進行的調查顯示，「確實指出我不好的地方」是信任上司的主要理由之一。

告訴他不好的地方雖然很難，但卻是為了他好，讓他能確實改善缺點。與其說漂亮話調動下屬，不如**嚴厲地傳達目前的問題所在，下屬也才會努力改變。**

POINT

不要只說目前的優點，也要確實告知不好的一面，下屬才會努力改變。

20

我和下屬關係不好，很難叫他做事

分配工作時不要「命令」，改成「商量」

✕ 命令工作

○ 商量工作內容

交辦新工作時，如果和下屬「關係不好」就很難開口。到底該如何交辦工作給關係不好的下屬呢？

知名IT企業負責系統開發的領導人A，已經在公司服務第七年，手下有同年到職的下屬C。雖然兩人實力互為伯仲，但A因為順利完成一件大案件而升官，兩人變成上司和下屬的關係。

C很喜歡主導一切，而且想到什麼就說什麼。他喜歡把人辯倒，所以一進公司A就覺得很難跟C相處。

A屬於職人性格，總是默默地做，但升任領導人之後，他開始會用心關照周遭狀況。

有一次A想讓C參與新案件，那是一個飯店系統建置專案。因為C對於飯店等服務業的系統建置，有豐富的經驗。

C手上已經有好幾個進行中的案件，但A覺得他應該還行有餘力。所以A就先告訴C「為什麼要交給你做」。A對C說，「因為你在飯店系統建置方面**經驗豐富，所以交給你。**」A下命令時也把交給C的理由告訴他。

這雖然是個好方法，但對於關係原本就不好的人，應該多下一點工夫。

兩人關係不好時，對方只要回一句「沒有哦，我不擅長那方面的業務。」或「我很忙，不能再接工作了。」就交辦不下去了。

◎鐵則就是先「商量」再「拜託」

那麼該如何交辦工作才好呢？

與其「命令」，不如**「商量並尋求意見」**，這樣被交辦的一方會有「都被拜託了……」的感受，尊重需求獲得滿足。

◎**「我想這個領域沒有人比C更清楚了，可以商量一下嗎？」**等，用和對方商量的方式開口。**商量可以傳達「我信任你，所以才要問你」、「我認同你」的訊息。**

擅長用人的領導人也很會跟人商量。就算是已經知道答案的案件，他也會故意找下屬商量「怎麼做才好啊？」

只要把「命令」改成「商量」，下屬說著說著就會把它當成自己的事。

等時機差不多了，就正式開口拜託他「請助我一臂之力」。

這樣下屬也會願意接受。「他都來找我商量了，表示他很仰仗我，就幫他一下吧」。

總而言之，對和自己關係不好的下屬，要**採取二步驟攻略法，「先商量」「後拜託」。**

這麼做花不了太多時間。第一次**先「商量」而不是直接「拜託」。**這樣就算是關係不好的下屬，也會聽你說、協助你。

多商量幾次後，下屬對領導人的態度也會改變，就算再忙也會願意積極接下案件。

POINT

只要把「拜託」改成「商量」，和下屬的關係也會變好。

21

內心脆弱心情低落的下屬，
我不知該如何跟他說話

用「繼續、改善、挑戰」讓他立刻振作起來

× 只是安慰

○ 先一起懊惱再回顧

這是某廣告公司課長A來找我諮詢時的案例。

A的下屬C因為只要這次比稿成功順利接案，業績立刻可以達標，所以C非常努力工作，比稿前一週天天都搭最後一班電車回家。

可是很遺憾的是比稿輸了。

隔天C還是很沮喪。

如果是昭和時代的領導人就會說，「有什麼好想不開的啊？」希望C能向前看，可是對於花了大量時間努力過的事，總是很難說放下就放下。

因為光說「要向前看」，並未針對他「雖然失敗但努力過了」的過程評價。

我們當然不需要稱讚過程，但卻必須針對過程慰勞他。

領導人A鼓勵C，**「你只不過是運氣不好罷了」**、**「轉換心情繼續努力吧」**這也是平成（明仁天皇年號，一九八九～二〇一九）型「稱讚並鼓勵」的做法。

然而A原本以為C「應該會振作起精神吧」，卻得到「說是這麼說啦……」的結果，C還是無法打起精神。

對於自己花時間努力過卻失敗的事，常常會陷入沮喪，而且花得時間越久，沮喪的時間越長。在這種狀況下叫他「別在意」，只會讓他覺得「這個人什麼都不懂」。

表面功夫的激勵沒有任何意義。

◎一起思考成功的具體對策

那麼當下屬因為失敗而沮喪不已時，領導人又要怎麼跟他說才好呢？

這種時候就要同理下屬的心情，說「你都這麼努力了，真的好可惜，真的好不甘心啊！」

特別是內心脆弱的人，「只要失敗一次，常會超乎尋常的鑽牛角尖」。

「上司可能不會再給我機會了吧。」

「我真是沒用啊……」

我自己也曾經在重要簡報時遇到挫折，如此沮喪過。

要讓下屬從沮喪的心情中站起來，就要讓他做出結果。

光是鼓勵，如果他還是做不出成果也沒有用。

所以必須採取行動，讓下屬下次能做出結果。

等下屬心情穩定下來後，就要跟他說**「對方想要的是什麼呢？為了下次能成功，我們一起來反省吧。」**

此時根據過去的經驗，我建議A用「KPT」架構給下屬建議。所謂「KPT」就是根據「Keep」（應持續的部分）、「Problem」（應改善的課題）、「Try」（新的挑戰課題）三要素，反省下次應該怎麼做才好。

◎以KPT來分析

這次的簡報比稿當然有很好的部分，包含準備在內。

首先寫下**「Keep」（應持續的部分）**。

內心脆弱的下屬傾向於放大檢視自己的缺點，所以一定要先挑出他的優點。這個順序不能搞錯。當事情進展不順利時，一般人都傾向先著手找出「應改善的部分」，可是這樣做可能會陷入更糟的惡性循環。

然後下一步才是寫出**「Problem」（應改善的課題）**。

此時的目的不是要說他不行，所以不能在這個時候攻擊下屬。

如果此時攻擊下屬，下屬就只敢說出不會讓領導人生氣的話，流於形式上的應付。

為了讓下屬更容易敞開心扉，領導人一邊聽也要一邊回應「原來是這樣啊」、「真的是這樣耶」。也就是要確保下屬的心理安全感，讓他暢所欲言。

如果下屬不能暢所欲言，就無法找出真正應改善的課題，會變成形式上的反省。

最後再請下屬寫出**「Try」（新的挑戰課題）**。

此時要請下屬寫出下次簡報時的應注意事項，領導人也可以給下屬建議。

T的部分是最重要的發現，所以下次一定要讓下屬執行。

這些步驟完成後，用一句話來總結KPT。

「這次的專案真的很遺憾。為了下次能成功，我們一起來反省吧。**本次做得好**

的部分是什麼？（K）」、「應該改善的部分是什麼？（P）」、「那麼下次開始要做哪些新的挑戰？（T）」

像這樣**運用KPT分析，確實執行T的部分，就可以讓下屬積極向前看。**

POINT

找出到目前為止的優點，
一起回顧接下來該怎麼做。

22

不同的下屬溝通量也不同，
我很擔心幾乎不來商量的下屬心裡到底怎麼想

對很少交談的下屬更要打招呼

× 問近況

○ 聊聊有關工作的雜事

對領導人來說，和下屬溝通是重要的工作之一，可是這是一件很困難的事。

和某下屬溝通愉快，但和另一位下屬之間則幾乎不說話，這種溝通量的差異，看在下屬眼裡，難免會覺得不公平。

在某流通大公司擔任採購的領導人A有一位下屬C，進公司第二年，每天都要來找A討論好幾次。C士氣高昂，A也很看好C。

而且他每次來討論之前都會做好準備，所以A也很熱心地跟他討論，只是有一個問題。

因為太熱心討論，A大部分時間都花在C身上了。

來討論的C本身當然沒有什麼問題。

認真地找領導人討論是件好事，領導人A也因此覺得幹勁十足吧。

而且C才進公司第二年，當然會遇到很多還不懂的事。

這裡的問題是部分下屬並不會來找領導人討論。

當然有些下屬不用找領導人討論，也能自行判斷，交出亮麗成績。或許也有領導人認為「有下屬來討論不就好了？」可是的確也有些下屬的個性就是不擅於溝通。

領導人不能把自己的時間都花在某特定下屬身上，必須儘量公平對待下屬。

這個案例中因為C很熱心，溝通量大或許也是沒辦法的事，但領導人還是必須考慮到和其他下屬之間的溝通。

◎問話方式是否讓人難以回答？

這裡希望領導人要注意自己對下屬說話的方式。

為了找話題溝通，許多領導人常會開口就說×**「最近怎樣啊？」**

乍聽之下好像是在關心下屬的問話，其實這是非常難回答的問題。

聽到這個問題，下屬大概只能輕描淡寫地回一句「努力中」，然後會話就到此結束，無法持續下去了。

就算下屬真的有煩惱，也不會來找領導人討論商量吧。

要對下屬開口時，除了要限定提問的範圍，更要採用不能只回答「請放心」、「沒問題」的問法。

「A公司的比稿，**你覺得重點在哪裡？**」

「下週月會要發表的企劃案，**現在進度到哪裡了？**」

用這樣的提問方式，下屬才能說出回答。

如果是只偏重和某些人溝通的領導人，也請注意以下兩點：

①下屬來討論時，一開始就要決定討論時間

和經常來討論的下屬談話，總是不知不覺地談很久。

當下屬來討論時，不論什麼內容，一開始就告訴他「我現在有點忙，不過下午四點我可以抽出十五分鐘來給你。」確定討論時間為十五分鐘，然後時間一到就結束談話「今天先談到這裡吧。」這麼做就能讓下屬有領導人聽我講話的滿足感、信服感。

如果不先設下時間限制，而是在下屬講到一半時說「啊，今天就先這樣吧。」下屬心中會有領導人都不好好聽我說話的不滿。

②下屬打招呼時要確實回應

對於很少來討論的下屬，則透過直呼其名打招呼「早安！」、「辛苦了」，就能滿足下屬的存在尊重需求，讓下屬更願意找領導人討論。另外**當下屬對你打招呼時，也要確實回應。**

為什麼這裡要寫這種天經地義的事呢？這是因為會確實打招呼的領導人，他率領的團隊通常業績較好，而且較有活力。

下屬對於領導人的反應是超乎必要的敏感。如果領導人對於下屬打招呼沒有反應，下屬可能會覺得領導人是不是在生我的氣？或者是無視我的存在？

有時領導人真的是太忙了，忙到沒空回應，這也是沒辦法的事。但如果是因為自己很焦躁，甚至覺得煩而不回應，那就不好了。

說句「辛苦了」不過花一秒鐘。心疼這一秒鐘而澆下屬冷水，打擊下屬士氣，實在很可惜。

所以對於老是不來討論商量的下屬，要**有意識地跟他們溝通，創造容易談話的氛圍，讓下屬願意來商量討論。**

POINT

不來商量討論的下屬並沒有錯。
重要的是一視同仁，確實跟下屬打招呼，也回應下屬的招呼。

23

常被年長的下屬扯後腿，實在很頭大

讓年長下屬覺得受到仰仗，搖身一變成為大戰力

✕ 負面看待下屬的意見

〇 感謝下屬的意見

採用年功序列制（以年資和職位論資排輩，訂定標準化的薪水）的公司越來越少，雇用越來越流動的現在，越來越多領導人手下有比自己年長的下屬。根據英才公司（en Japan Inc.）調查顯示，三十到五十九歲的中生代轉換跑道後，有百分之六十六的人曾在比自己年輕的領導人手下工作。

上市科技公司新商品企劃部的幹部A還是新人時就表現優異，還獲得社長獎表揚，進公司第四年就升任領導人，這是該公司破天荒最年輕的幹部。

有些年輕領導人會對年長下屬敬而遠之。可是**如果能正視年長下屬，好好溝通，他們其實會成為很大的戰力。**

A的團隊表現雖然不錯，但有位年長下屬C，卻很喜歡挑毛病扯後腿。有一次A跟他說：「希望你提出十個明年想推出的企劃案。」結果C回了他一句：「你覺得只要衝高數字就好嗎？」

年長下屬C說的其實也沒錯，但他沒必要在大家面前說。他本人或許沒有反駁領導人指示的意圖，但他的反應可能讓人誤解。

有些領導人可能會覺得像C這樣的年長下屬很討人厭，但如果能讓C成為自己人，他其實會是令人放心的存在，甚至還可能成為極大的戰力。

另一方面，如果和年長下屬處不好，其實是團隊的大損失。

能否和年長下屬保持良好關係，團隊可是會有一百八十度的不同，這種說法並不誇張。

此外，許多公司的人事部門，其實都會在年輕領導人的手下，安排知識和經驗都豐富的年長下屬。

◎為年長下屬苦惱的領導人很多

很多人來找我諮詢，都是因為不知如何和年長下屬相處，為年長下屬苦惱不已的領導人真的很多。

只要能順利指揮年長下屬，就有助於縮短領導人的工作時間。因為他們可以根據經驗，建議縮短工作時間的方法，或是介入領導人和下屬之間，指導其他下屬。

領導人並不是永遠都對。所以願意提供建議的年長下屬真的是很寶貴的存在，他們可以讓工作更有效率。

從「縮短時間」的觀點來看，我也告訴來諮詢的人，應該讓年長下屬說出他們的意見。

因此當領導人聽到尖銳的意見時，不應負面看待，應該**朝正面解釋成「下屬願意說出意見」**。

當年長下屬提出逆耳的意見時，不要直接打回票，X **「你說的我都知道，你先做好自己的事吧。」**而要表示對下屬發言的感謝之意，O **「謝謝你的建議。」**至於要不要接受，可以當成另一回事。

只要跟他說：「我希望C能儘量發表意見。因為我很需要像你一樣經驗豐富的人協助。」年長下屬自然願意為了領導人而動起來。

年長下屬希望受人仰仗。

年長下屬不容易得到表揚，反而常被人當成燙手山芋，這一點他們自己也知道。他們沒有立足之地，非常希望得到肯定。

領導人也可以請他們擔任和其他下屬之間的「橋樑」。

就直截了當地告訴他們，**「請放心大膽地說出意見吧」**。

有時有些業務與其讓領導人下命令，由一樣是成員的前輩來說，更容易說服其他成員。

年長下屬只要受到仰仗，「好，我知道了」，通常會很阿莎力地成為助力。

站在年長下屬的立場，他們不是因為領導人交辦工作而振作，而是**很高興「受人仰仗」**。

年長下屬一旦知道主管比自己年輕，通常會很不安，擔心主管會把自己當成麻煩，瞧不起自己。他們會覺得受到威脅，擔心喪失立足之地。

為了隱藏這種不安焦慮，他們會虛張聲勢以免自己被小看了。

常反駁領導人的年長下屬，其實只是用虛張聲勢的方式確保自己的立足之地而已。

他們其實也想有所貢獻，但面對比自己年輕的主管，又拉不下臉來，真的很笨拙。

所以領導人要先踏出那一步，考慮到雙方立場面對他們。

POINT

年長下屬其實內心很不安。
對於他們偶爾提出的尖銳意見，也要抱著感謝之意。

24

為了不聽話的下屬傷透腦筋

指出終點方向，想辦法讓他找出答案

✕ 告訴他聽別人意見的好處

○ 讓他切身體會不聽別人意見的缺點

- 方向錯誤工作表現不好，卻不想聽別人指示。
- 不知是對自己太有自信還是很執著，不肯妥協。
- 對別人的建議，有時會情緒性反擊。

如何才能導正這種不聽別人話的下屬呢？

年營業額數十億日圓的科技公司推廣企劃部的C，不但花很多時間編製資料，他提出的企劃案也都被公司內部的企劃會議打回票。領導人A覺得「明明只要再花一點工夫，他就可以在短時間內做出有說服力的資料」。

可是C不聽別人意見，不肯改變他心中認定的答案，非常堅持又固執，根本不知道決策者想要什麼，完全搞錯方向。

A為了讓C聚焦，就告訴他解決對策，**「這樣做企劃就會過了。」**

可是C卻不肯改。

他很抗拒照別人說的話做。

◎想辦法讓他聽別人的建議

以這個案例來說，只要**讓下屬親身體會到不聽別人意見的缺點即可。**

A立刻問他**「你覺得怎麼做企劃案才會過關？」**引導C自行思考找出答案。

不出所料，C找不出答案。

他找不到答案也是天經地義的事。

因為他看不到讓企劃案過關的終點。就算他真的自行找出答案，那也不過是有偏差的答案。

C好像感受到不聽別人意見的缺點了，後來他就主動來問「如何才能讓企劃案過關？」了。

於是A就建議，「決策者需要確實的投資金額與預計收益、可想到的最大風險的佐證數值，那就是企劃要過關的關鍵。」

C聽了建議，之後提出的企劃就能鎖定重點，企劃終於過關。

而且因為他知道了時間該花在哪些重要部分上，不但加班減少了，工作表現也變好了。

深深體會到不聽別人意見，自己一個人埋頭苦幹的缺點後，現在C常對後進說：「提出不符需求的提案也沒用哦，最好聽前輩們的意見。」這變成了他的口頭禪。

對於不聽別人說的下屬，不要告訴他聽別人說的優點，而是要**讓他親身感受到不聽別人意見的缺點**。這麼一來，他自然會做出改變。

POINT

讓他自行思考，發現聽別人意見的重要性。

25

未經領導人許可擅自行動，結果失敗，可以罵他嗎？

傳達「遺憾」「傷心」的心情，讓他覺得自己做錯事了

× 生氣

○ 傳達心情

不報告就擅自行動的下屬，對領導人來說真是令人擔心。在自己看不到的地方出問題，真的是一件很討厭的事。

在領導人不知道的地方出問題時，可能影響領導人的存在意義與評價。

更重要的是，擅自行動本身就是一個問題，必須導正才行。

但也不能因此就去問下屬，「你現在在幹什麼？」這樣實在很荒謬。沒有人希望出問題。但問題發生時其實也可說是導正下屬行動的好時機。領導人應該怎麼做才好呢？

某大旅行社營業部的C受主力顧客E委託，代訂飯店宴會廳。可是那一天神戶市內舉行大型論壇，市內的會場都已經有人預約了。

E是很重視時效的人，而且常對C說：「你們公司都會想盡辦法達成我的要求，實在幫了我大忙。」

因此C就拜託籌備課尋找周邊地區飯店。

此時的問題是C跳過自己的主管和籌備課主管，私下拜託籌備課成員「拜託快點幫我找」。

像這種事先未跟領導人商量，擅自行動，後來出問題的工作，包含「自己沒有決定權的工作」、「動員許多人的工作」、「拜託其他部門的越權行為」等。

為什麼會有這種擅自行動的下屬呢？

◎做個會叱責人的領導人

像C這種擅自判斷的下屬，可能是因為覺得顧客優先，而且顧客又很重視時效，如果什麼事都要找領導人商量很浪費時間，還不如趕快找到顧客要的標的。

面對這種類型的下屬，就和面對第一章不做期中報告的下屬一樣，必須**告知找領導人商量的好處**，「如果你有先來商量，就可以這樣處理的。」

不過在這之前還有一件必須做的事。

也就是**必須叱責下屬「不來報告」。**

不這麼做無法給其他下屬建立典範。

如果不叱責C，其他成員可能也會犯同樣的錯；如果叱責了其他人，又會讓人覺得不公平。

◎傳達「傷心」甚於「生氣」

如果領導人發火，**「不來商量擅自行動，就是違反規定！」**應該沒什麼效果。特別是對於那些原本就會做事的下屬，他們可能只會覺得「被警告了」。

重點是要讓下屬覺得「我不應該擅自行動，真的很對不起」。要告知下屬「我很信任C啊，（你竟然不來報告）**真的讓我覺得很遺憾。如果C是領導人，下屬這麼做時，你做何感想？」**

因為下屬不來報告而生氣，背後其實潛藏著希望對方理解、悲傷、難過、空虛、悔恨、不安、擔心、困惑等情緒。

不過因為怒氣是很強烈的感情，讓人常常無法注意到背後潛藏的情緒，在自己沒注意到的時候，就被怒氣支配主宰了。這樣的話就無法將自己希望對方理解的心情傳達給對方。

也就是表面上看來領導人只是在生氣，下屬只會覺得「被罵了」，看不到領導人怒氣背後的真正想法。

所以**對於下屬不來報告擅自行動，領導人要傳達出遺憾的心情。**這樣可以讓C這種擅自判斷的下屬，覺得不告知領導人擅自行動實在不好，自我反省。

後來C在處理超出自己權限的業務時，都會事先來報告。領導人不但不用擔多餘的心，和其他部門的關係也變好了，就算發生讓人困擾的事也能迅速採取對策。

只要處理好人際關係，就可以解決「擅自行動的問題」。因此必須讓下屬理解到「領導人相信你」。

叱責下屬時要讓他感到「我背叛了領導人的期待，真是不應該」，不要只是一個勁地罵。

POINT

傳達領導人的心情，讓下屬反省。

26

要讓下屬更積極主動，該怎麼做才好？

由支配型領導人轉型成支援型領導人

✕ 全面授權

○ 偶爾收回工作主導權

下屬確實完成領導人指示的工作，真的很棒，可是你會不會希望下屬更積極主動一點呢？

某大型服務業商品企劃部的領導人A個人業績超群，受到大家尊敬，對於下屬也不斷下指示，是「支配型領導」的信徒。

支配型領導人認為領導人本身是主角，下屬應該按指示、命令行動。所以不斷地下指示、命令給下屬，要讓下屬動起來。

站在下屬的立場，這樣當然很輕鬆，但這種領導人常常會培育出一個口令一個動作的下屬。

A也因為不多授權給下屬，下屬不會成長，而被上司要求要「改變做法」，所以來參加研習課程。

我建議他採用「支援型領導」。

「支援型領導」就是所謂的僕人式領導（Servant Leadership）。

「僕人式領導」就是重視每一位下屬的自主性，敦促他們成長的領導手法。這種領導手法中下屬是主角，領導人則扮演輔佐的角色。下屬如果是藝人，領導人就像是製作人。而支配型領導人則是主角，這是完全相反的想法。

支援型領導人採用為下屬服務的方法，下屬則因為「上司願意把工作放手給我」，而對領導人心存感謝，願意為領導人貢獻所能。

因此要**儘可能地減少以領導人為主的業務**，儘可能地將工作分派給下屬。領導人作為員工的工作越少越好。

我建議領導人A告知下屬「我會輔佐你，由你主導」，**「請儘可能提醒自己『不要成為主導者』」。**

不過其實「放手給下屬」這件事，領導人A早就已經在做了。

前幾天A也跟一位總是很聽話，讓人放心的下屬C說，希望這次由他主導，擬定明年度商品線的企劃案。

當時A為了讓C能積極主導工作，就跟C說**「就照你喜歡的方法去做吧。」**全面放手給C。

可是後來再問C工作進度時，很遺憾地發現C無法自行主導企劃，結果未能完成工作。

◎只成為下屬的輔佐是不夠的

為什麼C無法自行主導企劃呢？

其實支援型領導很容易讓人產生誤解。

因為這並不表示領導人只要擔任輔佐的角色即可。

就算是支援型領導，有時也必須身先士卒，主導下屬前進。

例如，指示時不能只給一個模糊的大方向，如「擬定明年度商品線的企劃案」，而是要指出大致的範圍，如「和東奧有關的商品」、「以環保為賣點的商品」等。

對C來說，這是他第一次主導工作，所以應該給他一個明確的範圍「大致是……」。

另外，萬一C真的無法順利推動工作時，也要收回工作主導權。

領導人收回下屬的工作主導權，有人可能擔心會影響士氣。可是如果下屬真的無法順利主導工作，**「這項工作全權交給你可能還太早了**，我來處理，你只要照我說的做就好。」收回他的工作主導權也是一種做法。

當然這樣做也有前提，也就是要好好向下屬說明。

由領導人主導工作，讓下屬輔佐，在這期間再伺機給下屬主導工作的機會。

重要的是不要只是單純地收回工作主導權，而是在一定期間內收回主導權。

同一項工作站在主導立場或輔佐立場，會看到不同的內容，改變立場有時有助於發現推動工作的線索。

當下屬主導工作時，只要確實提供支援即可。

這樣看來好像在下猛藥，不過比起全面放手讓下屬處理，這種做法更能加速下屬成長。

POINT

讓下屬輪流經驗主導角色和輔佐角色，加速成長。

27

老覺得自己被強迫做事的下屬，表現一直不好

下屬自發性行動的三要素

× 傳達請他做那件「工作」的理由與對公司的好處

○ 傳達請「他」做的理由與好處

某營業團隊的領導人A，將修訂工作手冊的工作委託給連續八個月達成業績目標的下屬C。領導人希望將C的知識技術普及到其他員工身上。

C很喜歡第一線的工作，對於編製手冊完全不感興趣。而且編手冊會占據他的業務時間，他反而覺得很痛苦，還要常常開會，C覺得自己被趕鴨子上架了。

必須讓C更自動自發才好。

如果一個人做事時覺得自己是被強迫的，那也不可能有好表現吧。

領導人A來參加研習並諮詢如何解決，其實身為下屬，不少人都有被強迫做事的感覺。

下屬之所以有這種感覺，可能有以下三種原因：

①不覺得有做的必要

A交辦工作時對C說，**「這件事做好，可以提高團隊的水平」**、**「可以用在新人教育上」**、**「有助於提升公司的營收」**等，說的都是對公司有好處的理由。

而且A幾乎天天都對C這麼說，他以為這樣說可以讓C覺得自己手上的工作十分重要，因而士氣高漲，會自動自發地動起來。

交辦工作時傳達理由「WHY」是對的，可惜這個案例中，下屬的行動並未因此改變。

像這種只傳達對公司好的說法，站在C的立場會覺得「又不是非我不可，找別人也行啊！」

所以此時必須傳達的是「為什麼要交辦給C」。

以這個案例來看，可以對C說「因為希望把C的知識技術傳承給團隊成員，所以請他編手冊」。另外，如果知道他本人將來的打算等，也可以用「這件事有助於你接近目標哦」的理由拜託他，如**「C將來成為業務員訓練師時，這份文件對你很有幫助。」**、**「因為你對人事的工作很感興趣。」**等。

明確地讓他知道為什麼拜託他，可以讓他把這件事當成「自己的事」。

②沒有自由處理的空間

如果交辦工作時領導人連細節都管，那交辦的就不是「工作」，而是「作業」。

「工作」與「作業」的差異，就在於執行時是否能投入自己的想法。

所以要留下「工作」的部分。

「除了總結的部分，其他部分可以照你的想法去做就好。」也就是留下下屬可以自由處理的空間。

③回饋不順暢

委託下屬做他不太感興趣的工作時，用稱讚回饋提振他的士氣，也是一種方法。但光是稱讚無法培育下屬，「19找出並活用下屬長處，明確告知目前的問題所在」這一節也提過這一點。對於「覺得自己被強迫的下屬」，光靠稱讚鼓勵只會帶來反效果。

領導人A稱讚下屬C「你真的很努力，要繼續加油！」領導人稱讚下屬的努力當然是件好事。

可是對於想得多的下屬，如果不一併傳達「哪個部分好」、好的理由，他可能不覺得自己受到稱讚，只會覺得領導人在拍馬屁。

所以**稱讚人時，必須一併傳達理由。**

因為領導人注意到這三點，消除了下屬C「被強迫做事」的感覺，他於是開始自動自發地做事。

因為是自動自發地做，手冊也更精準了，竟然還提早一週完成了。

領導人常會不經意地用「為了公司」、「為了部門」的觀點，委託下屬工作。但這樣做常常事與願違。站在下屬立場，會覺得「為什麼找我」，或許也是無可避免的結果。

因此**委託工作時，「因為是你才要交給你」，必須明確表達為什麼非他不可的理由。**

POINT

交辦工作時要傳達對下屬個人，而非對公司的好處。

第四章

領導人的説話藝術

——現今的下屬

28

下屬的社群網站PO文可能帶給公司負面影響？

如果下屬的社群網站負面PO文多，就是危險信號？

✕ 檢查社群網站並警告下屬

○ 檢查下屬內心真正的想法，消除不滿

株式會社ICT總研的調查（二〇一八年十二月）指出，日本的社群網站使用者已超過七千五百萬人。日本人口約一億兩千六百萬人，這個結果表示有一半以上的人口都在使用社群網站。

進入令和時代，社群網站已經是不能忽略的存在。社群網站極為方便，但使用不當也可能帶來各式各樣的問題。

例如洩漏商品開發資訊，或者自以為正面的PO文「今天也要努力到很晚！」，卻可能給人「這好像是家黑心企業」的負面印象，甚至影響公司求才。也可能出現因為員工不恰當的PO文或影片等，導致企業破產或被迫關門大吉的例子。

這已經不是別人家的事了，越來越多企業著手編製社群網站指南。

有些公司會管理員工社群網站的個人帳號，或限制員工使用，但這種做法有「公私混淆」的危險，只能當成是非常手段。

就算加上合理限制，監控個人的所有行為也會造成公司極大的負擔。

是否使用、如何使用社群網站，只能交由個人判斷，但公司卻必須在危機管理中加入這一項。

對領導人來說，社群網站也是不可忽略的存在。如果直接告訴下屬**「不要在社群網站上說壞話」**，請大家注意負面PO文的話，可能會讓下屬覺得公司在監控私人生活。

一樣是前面提到的ICT總研調查顯示，使用社群網站的前三大原因，依序為「想知道朋友狀況」百分之三十九，「想和人有關聯」百分之三十六，「想讓別人知道自己的近況」百分之二十二。

在社群網站上PO文的人，就是希望被人看見。特別是負面PO文的人，就是希望別人知道他對現狀的不滿。

這種**社群網站上的PO文，大多源自「衝動性」的感情，也是下屬的真心話。**

◎下屬「正在努力」的PO文，是負面情緒的表現

領導人只要注意這類負面PO文，就可以掌握下屬的不滿與煩惱。

可是如果PO文都如此直白、容易了解也就算了，不少PO文乍看之下是在說自己「正在努力」，但其實卻代表這個人心中的不滿。

以下就是一些危險PO文的例子：

①「充實」

社群網站「今天也加班到很晚，我的工作真充實啊！」

真心話**「我負責的工作也太多了吧！」**

「充實」就像「現實生活很充實」這個詞一樣，有勉強自己振作的含意。

「很晚」也是一個危險信號，這種說法暗示「工作太多了，我想早點回家」，**只是想展現「都這麼晚了我還在公司」**。

如果是公開PO文，可能還有人會說這家公司違反法規。

②「正在努力」

社群網站「我們這個部門正在努力哦。」

真心話**「其他部門還真輕鬆。」**

「正在努力」也是一個危險信號。

通常PO文中會這麼寫，大多心中十分不滿。

如果是身心狀況穩定正在努力的人，應該已經得到滿足，不會有這種PO文。

③**「沒睡」**

社群網站「這個禮拜我每天都只睡三個小時。」

真心話**「只有我這麼努力，主管卻不知道。」**

寫下這種PO文時，其實就是在勉強自己振作，處於「身心都已瀕臨臨界點」的狀態。當然也有只是自我沉醉在「我這麼努力」的情況，但身心疲憊是事實，還是必須注意。

④**「好累」**

社群網站「應付客訴真的好累。」

真心話**「老被客戶罵真的好累，好希望主管能協助。」**

「好累」這個詞，其實就表示**「希望有人發現、希望有人幫忙」**。

明目張膽地寫出「好累」，表示這個人正處於非常不滿的狀態。特別是平常不太抱怨的下屬如果出現這種PO文，那就要非常小心了。

⑤公開機密資訊

社群網站「存貨堆積如山，到底要怎麼辦啊！」

真心話**「存貨這麼多，我真是受夠這家公司了！」**

在網路上公開公司的機密資訊，違反法規原則。

近來透過研習，大多數上班族已經意識到這樣做有違法規原則，但還是做了，這表示他們身心都處於極度疲憊的狀態。說不定已經在考慮辭職了。

如果看到這些詞，就要儘快和下屬一對一面談「我們來聊一下吧」，了解下屬有什麼困擾或不滿。

其實**光是傾聽下屬的聲音，就可以讓不滿胎死腹中。**

如果你是負責法規的員工，同時也是領導人，就不能只是「監視」就算了，必須去**解讀寫下負面PO文的下屬內心。**

能在不滿未擴大前，就採取對策解決下屬的不滿，這也是社群網站的優點。

如果發現下屬的社群網站中，負面PO文越來越多，那就是他們對工作發出的SOS求救信號，這反而是了解下屬的機會。

如果看到①加班到很晚的PO文，就要適時慰勞下屬，「最近你一直加班到很晚，真的很感謝你的付出。可是一直這樣下去的話，我很擔心你的健康狀況。」然後再用對方容易說出真心話的方式提問，「需要加班到這麼晚的原因是什麼呢？**我們一起來想想有沒有方法改善。你有沒有什麼想法，什麼想法都可以。**」

②~⑤的例子也適用這種提問方法，只要改掉「需要加班到這麼晚的原因是什麼呢？」的部分即可。

使用社群網站不是為了窺探下屬私生活，而是當成衡量下屬士氣的指標。

POINT

社群網站是突顯下屬不滿的照妖鏡。只要消除不滿，負面PO文自然消失。

29

告訴他要改善，口頭說「知道了」，卻根本沒聽進去

對聽不得否定的下屬，要先「稱讚」再建議

× 直接告知「問題點」

○ 先稱讚後再告知「改善點」

有些下屬會說「我是稱讚下成長的類型」、「希望你讓我發揮我的長處」。的確也有人建議採用忽視下屬缺點，善用其優點的方法。

可是只善用優點的方法，下屬會以為自己這樣就可以了，變成「滿足於現狀」、「維持現狀」，對下屬來說也不是好事。

活用下屬優點的同時，為了下屬的成長，也必須糾正他的缺點。

◎心防重的下屬的改善方法

分店遍及全日本的超市商品開發部的下屬C很有自信，覺得「我是會做事的人」。

他對於基本業務很有一套，短時間內就能完成，也可說他是手冊世代的代表。所謂手冊世代，就是會照著手冊做事，但一旦有突發狀況，就無法隨機應變的世代。

前幾天C分析了競爭對手的資訊，並在會議上發表，但分析卻不夠深入。有自信是件好事，但站在領導人的立場，會覺得他明明還可以做得更好，希望他能多學一些分析和調查的方法等。

C雖然充滿自信，但另一方面，他也有聽不得別人否定的特點。所以他會自我防衛，不讓別人說他需要改善。

這種下屬要如何讓他改善呢？

這種情形下如果直接告知改善點，他可能只會說「我知道了」，然後高高架起心理防線。

所以一開始必須**「瓦解他的警戒心」**。

一開始應該先「稱讚」他，然後再告知改善點。

也就是替下屬建立「容易接受指正的狀態」。所以先稱讚他之後，再建議他改善缺點。

此外，希望下屬改善缺點時，不要說×**「沒做到○○」**，而要採用比較有未來性的說法，○**「如果做到○○會更好哦」**。

以這個例子來說，就是要建議下屬C「前幾天你在會議上的發表，圖表很簡單明瞭（稱讚），如果還能做到○○會更好哦。」

要讓下屬成長，領導人必須適時指正下屬。

當下可能會被下屬討厭，但未來下屬一定會感激你。

我想身為領導人的你，應該也有一些過去因為有上司的那句話，今天自己才能站在這裡的感受吧。

所以大家努力成為下屬未來會感激的領導人吧。

C後來學了調查的方法，可以編製出見解非凡的報告。他的風評也變得更好，聽說他現在很感謝領導人，「當時還好你有指正我」。

而且C為了補足自己的不足，也積極參加研習課程，一直想著要讓自己的能力變得更強。

總而言之，對於聽不得別人否定自己的下屬，如果一開口就告知改善點，只會讓他沮喪不已，所以先用稱讚建立他願意接受的狀態。

此外，一開始我雖然表示對稱讚式教育存疑，但我的意思是一味稱讚不是好事，請大家別誤會我的意思。

POINT

一聽到自己的「問題點」就豎起心理防線的下屬，就要用稱讚先卸下他的心防，然後再告知「改善點」。

30

希望七早八早就放棄的下屬能堅持到最後！

用只要努力就能達成的目標，讓下屬堅持到最後

✕ 設定簡單可達成的目標

○ 只設定稍微有難度的目標

領導人A很頭痛。因為下屬C每次都會定下遠大的目標，可是卻常常半途而廢。A想找出讓C堅持到最後一刻的方法。

C替自己在企劃部門的工作，定下上半年通過八件企劃案的「結果目標」，以及提出三十件企劃案的「過程目標」。

結果上半年結束，他通過了兩件企劃案，提出三十件企劃案。

結果目標雖未達成，但過程目標達標了。

雖然過程目標達標了，但因為結果目標未達成，其實並不能算成功。

當然過程目標達標也值得好評，但沒有做出結果，下半年還是應該修正。

A跟C面談，回顧上半年的表現與提出下半年的對策，結果發現其實C好像中途就放棄結果目標了。

A當時說「你還是要努力提出企劃案，**至少也要達成過程目標。**」A的用意，是希望C能藉此得到成功體驗。

過程當然很重要，但忽略結果只顧著達成過程目標，其實沒有任何意義。

下次該怎麼做，才能讓C不放棄結果目標，努力達標呢？

以這個例子來說，結果目標的設定方法有問題。

◎目標設定錯誤

工作視難易度，可分成「安心區」、「挑戰區」、「混亂區」三個領域。

「安心區」的工作，就是以現在的能力和技巧，幾乎可以百分之百完成的工作。

「挑戰區」的工作，則是光靠過去的做法難以達成，然而只要和其他可以達成的人討論商量，改變企劃方法，多花一點時間，還是可以達成。

「混亂區」的工作，就是修正過去的做法也很難達成的工作。像是幾乎沒時間編製企劃書、沒人達成過的困難工作等，就屬於這個領域。

如果本次的「結果目標」是通過企劃案，那麼以C的能力來說，兩件企劃案算是「安心區」，「挑戰區」的企劃案有一點負擔，大約是四～五件，而六件以上的企劃案就算是「混亂區」了。

部門內通過最多企劃案的H即使已有十年資歷，也不過能通過六件，那麼本例中C的目標八件就是混亂區領域。

八件這個數字就表示極難達成。

設定目標時，不知為何大家總是傾向設定特大號的目標。目標遠大心情就好。目標越遠大，想像達成時的心情也就越讓人振奮不已。

很多人相信一句俗話，「瞄準月亮，就算沒射中，也能置身於繁星之中」。但現實可不是這麼回事。

下屬願意試著達成遠大的目標當然是件好事。但如果設定混亂區的數字，可能會因為受到挫折打擊，七早八早就放棄，結果反而離目標越來越遠，收到反效果。

所以當下屬設定屬於「混亂區」的目標數字時，領導人不要因為「願意挑戰是件好事」就直接採用，必須建議下屬「不要設定不可能的目標」，將目標數字修正到雖然會有一點負擔，但還是可以達成的「挑戰區」範圍內。

然後就算下屬設定了企劃案提出件數的「過程目標」，領導人也要告訴下屬「這只不過是達成目標的過程，達不達成都無所謂。」**我們要追求的只有最終目**

標」，徹底堵住下屬用「過程目標」做藉口的後路。

另外，如果下屬設定屬於「安心區」範圍的結果目標，領導人也必須建議他修正為略有負擔的「挑戰區」目標數字。

因為設定了這種雖然略有負擔，但還是可以達成的目標，C在下半年終於不再中途放棄，堅持到最後並達成目標。

目標太難容易受挫折，目標太簡單下屬又無法成長。所以**領導人必須分辨目標達成的可能性，適時指導下屬改正。**

POINT

設定略有負擔的結果目標，
不要讓下屬用過程目標做藉口。

31

抗壓性低，一點點挫折就告假的下屬

常因挫折而告假的下屬，改正他放大思考的習慣

✕ 消除壓力

○ 給他壓力

對於只要一點小失敗就灰心喪志，甚至因無法抗壓而告假的下屬，你是不是也很煩惱，不知如何面對他們？

進公司第二年的C是領導人A的下屬，他很認真，但也很愛鑽牛角尖，所以很

容易沮喪。

前幾天他在會議上發表時，與會人士問他有多少風險、有什麼風險對策，他沒想到會被問，沒做準備而答不出來，結果當場受到A的上司，也就是本部長B嚴厲叱責。

開完會後A為了給C打氣，就跟他說：「你再好好準備一下，下次再發表一次吧。」

結果C很自卑地說：「我真的很沒用耶，別人都做得很好，我真的很丟臉。」過去C犯錯，被其他部門同事叱責時，也常常沮喪不已，「連這種事都做不好，我真的太沒用了。」

A當下就覺得「糟了，他又來了。」不出所料，C果然又開始意志消沉，隔天甚至請了病假。

A為了不再讓C因為工作壓力而意志消沉，**「〇〇的業務太難了，你不用管了。」**只分給C失敗機率低的簡單工作。他想徹底消除C的工作壓力。

A是為了C好才這麼做，但這樣是不對的。

不讓C做有壓力的工作，他永遠無法成長。

而且工作或多或少都有一點壓力，所以必須讓C做一些有難度的工作，「你來挑戰一下○○的業務吧。」**讓C正視壓力並突破壓力，提高自己的抗壓性。**

遇到壓力就逃避，抗壓性永遠無法獲得改善，更不可能有所突破。A應該繼續給C有壓力的工作。

不過就算給下屬有壓力的工作，如果不能提高他的抗壓性也沒有意義。到底應該怎麼做，才能提高下屬的抗壓性呢？

◎告訴下屬不難挽回

抗壓性低的人，通常都有「放大思考」的特徵，也就是會把已經發生的問題放大來看。

- **明明只犯錯一次，卻覺得可能會再犯錯。**
- **不過是會議上的發表不盡理想，就覺得自己「什麼都做不好」、「無能」。**
- **只是被本部長嚴厲指出錯誤而已，卻覺得很多人都覺得自己不行。**

就像這樣把事情擴大解釋，想得十分嚴重。

所以才會一直消沉下去。

這個例子中A應該做的事，就是**改正C放大思考的習慣，不讓他過度消沉**。然後再告訴他下次扳回一城的方法即可。

首先當發生讓下屬意志消沉的事件時，就告訴他**「你覺得這種事發生的機率有多高？」**讓他不要擴大解釋。

然後再建議他扳回一城的重點，**「你來挑戰一下○○的業務吧。」**

此時**重要的是對他強調挽回並不困難，「只要改這裡就可以了」、「還可以扳**

回一城的」。

對於抗壓性差的下屬，只要改正他們「放大思考」的習慣，告訴他們修正並不困難和重點所在，他們就會有很大的改變。A後來又把略有負擔的工作交給C處理了。

結果C還是很常失敗。

不過每次失敗時，領導人A都會告訴他：「這次的問題在○○。只要改這裡就可以了。」儘可能不讓C再次陷入「放大思考」中。

一段時間後，C就不再像過去一樣，一點點失敗就裹足不前了。

對於容易消沉的下屬，必須給予能讓他們對壓力免疫的工作。

重要的是失敗時的回應。為了不讓下屬過度消沉，要**告訴他下次挽回的方法，不讓他擴大解釋。**

POINT

有壓力不是件壞事。
要強調挽回並不困難並提供建議，讓他不要過度消沉。

32

希望下屬行動時考慮到團隊多於自己

讓他的觀點由別人的事變成自己的事

✕ 抬高立足點

〇 改變觀點

就算下屬只為自己著想，只要他有達成目標，領導人也無法說他不對。可是既然是一個組織團隊，還是希望下屬能為團隊著想。

「行動時為別人著想」的組織，才能建立堅強的團隊合作。

任職於食品大廠的領導人A，手下有位下屬C是職人型的員工，只要是他自己決定要做的事，就一定會貫徹到底。A想讓C做對團隊有益的工作，就跟C說：「希望你去彙整大家的意見，回饋給行銷部門。」

可是C卻說：「我為什麼必須做不是我份內的事呢？」

他只想專心在自己的工作上。

而且他覺得工作就應該在上班時間內完成，很討厭加班。

他做事確實，績效良好，實務上沒有任何問題。

對於這樣的下屬C，領導人A很困擾，如何才能讓C在工作時意識到「團隊」呢？

站在C的立場，叫他「為了團隊而工作」，他只會覺得那不是領導人才應該做的事嗎？

自己的工作確實做出成果，所以自己不但沒有問題，還對團隊有所貢獻。

然而身為領導人，卻希望下屬不只追求「部分最佳」，更應該追求「全體最佳」。

所以領導人A就告訴他為團隊著想而行動的優點，X**「如果行動時能為團隊著想，就會知道評價的重點在哪裡。」**

領導人十分希望能提升團隊業績。知道怎麼做才能提升團隊業績，就知道該採取什麼行動才好。而採取了這樣的行動，評價當然會加分。

可是C一點都不感興趣的樣子。

這個例子的關鍵，就是要改變C的觀點，讓他可以站在其他成員的立場，用其他成員的視線去思考。

比方說領導人可以這樣問：

O**「C如果是晚輩E，是不是會希望現在的C能教他一些東西呢？」**

像這樣讓下屬改變觀點，從「別人的事」變成「自己的事」，C動起來的可能性就變高了。

後來C終於懂得為團隊著想，工作品質也更好了。

有些人只要告訴他優點，他就會動起來。但對於不在意評價的人來說，這種做法不會帶來任何改變。**與其告知優點，不如改變他的觀點，引導他從別的觀點切入思考。**

POINT

不是告知優點希望下屬動起來，而是讓他改變觀點思考。

33

希望不好意思拒絕別人的下屬
不再「不敢拒絕」

工作老是集中在他身上，要教他「拒絕方法」而非「拒絕」的勇氣

✕ 叫他要拒絕

○ 教他拒絕的方法

知名系統開發公司的系統工程師F，進公司第二年，是團隊中最資淺的人。

同部門的前輩G跟他說三月要啟動一件大型專案，叫他一起來幫忙。

F本來就是其他專案的成員，工作量很大，特別是目前手中的專案常常變來變

去，今後可能要花更多時間處理。

可是他又無法拒絕前輩，於是就答應了。

越認真的下屬，越覺得「不能拒絕」別人交辦的事。

領導人A希望讓F從「不能拒絕」的心理狀態中解脫，就告訴他**「拒絕別人不是一件壞事。」**但F還是改不了。

直接拒絕需要勇氣，這也是無可奈何的事吧。

◎用「DESC法」教他拒絕的方法

此時怎麼做才能讓F勇於拒絕呢？

領導人只要告訴他「不讓對方不愉快的拒絕方法」即可。

主張（Assertion）是誕生於美國，「重視自己也重視對方」的溝通手法。

在面臨想拒絕，卻又無法說得很得體時，或必須釐清自己的情緒和想法再說時很有用。

活用主張的手法，衍生出「DESC法」。

D＝Describe　客觀**「描述」**目前狀況。

E＝Explain　主觀**「說明」**自己或對方對目前狀況的心情。

S＝Specify　將對方期待的解決對策視為**「特定提案」**。

C＝Choose　思考對方同意與不同意時該如何回答的**「選項」**。

舉例來說，F手上工作很多，G拜託他做事時，「DESC法」的應對方式如下：

D　現在我是○○公司專案成員，很多時間都花在那裡。

E　我可能會忙到六月，之後就有時間可以幫忙了。

S　如果是七月以後的專案，我可以加入為成員，這次要麻煩你先找別人。

C　（G說「好」時）那就拜託你了。

（G說「那就太遲了」時）那我和領導人溝通看看。

「DESC法」不是一開口就說自己的意見，而是先用D，互相確認目前的現狀，這樣可讓對方不覺得是自己單方面的想法，做好接受的準備。

而且S的特定提案可視對方狀況，事先做好準備，所以應該也不會被對方討厭。最後再大膽預測好與不好的結果，決定好自己在兩種狀況下的因應對策，即使被對方拒絕，也可冷靜因應。

領導人只要告訴下屬，根據「DESC法」**「事先準備好應對腳本就好了」**即可。

即使叫下屬拿出勇氣來拒絕，也不是那麼容易做到的事。

教下屬「DESC法」這種**實際的「拒絕方法」，應該可以大致消除下屬心中「不能拒絕」的心理障礙。**

然而這個方法不是萬能的。不過只要事先準備好腳本，應該還是可以消除不安吧。

領導人也要告訴下屬編製腳本時，要以對方不會妥協為前提。否則遇上對方真的不妥協時，可能會被對方的氣勢壓倒，然後又重蹈覆轍，把工作接下來了。

一開始下屬可能無法順利編製腳本，即使如此也要儘量讓他自己想。久而久之下屬會習慣準備腳本，次數多了，下屬的預測能力自然大幅提升。而且也可掌握對方究竟想要什麼，自然越來越懂得拒絕的藝術。

就算告訴下屬「要有拒絕的勇氣」，下屬也很難做到。所以領導人應該告訴下屬，要事先準備好拒絕的腳本。

這麼一來，工作就不會通通集中到特定下屬身上了。

POINT

不是叫下屬「要意志堅定」，而是建議他「可以拒絕」的解決對策。

34

希望開會時不發言的下屬能積極投入

對於太會忖度的下屬，不要求正確解答

✕ 創造容易發言的氛圍

○ 徵求特別的意見

本節要跟大家說說腦力激盪會議的例子。

所謂腦力激盪（Brain Storming），就是讓一群人聚在一起提出點子的會議，被認為是不受目前框架限制，可有效提出創新點子的手法。簡稱「BS」。

任職於跨國製造廠生產管理部的領導人A很煩惱，因為即使召開腦力激盪會議，「進公司第二年的下屬H及新人I也不會說出自己的意見」。

前幾天也召開了業務改善相關的腦力激盪會議，但還是只有資深的C和E說個不停。

站在A的立場，C和E既有知識又有經驗，平常就很注重業務改善，他們的意見值得參考也很有幫助。但他也想聽聽像H或I這種年輕人的新鮮意見。

另一方面，年輕成員可能擔心自己不成熟的意見，會被人家說「想完整一點再來」。

領導人也很貼心地告訴H和I，**「放心大膽地把意見說出來吧！」**但他們只回答「好」而已。

到底該怎麼做，才能讓年輕下屬積極發言呢？

◎領導人的反應很重要

當然也有一些年輕下屬會積極提出自己的意見，但很多人一旦被否定，就不敢再說出自己的意見。

腦力激盪會議就是要儘可能地收集意見，越多越好，所以開會原則就是不否定別人的意見。

然而如果意見明顯偏離主題，或無憑無據時，有時還是會下意識地否定吧。心中覺得「啥？這啥鬼意見？」時，不自覺地就會反應在臉上。

領導人再怎麼小心創造容易提出意見的氛圍，只要有人臉上出現否定的神色，就有下屬會覺得「早知道就不說了」。

為了不讓下屬有這種想法，領導人最好一開始就立刻做出**「我沒想到還有這種觀點啊！」**、**「這種想法也很有趣耶！」**等反應，接受下屬的意見。

◎率先破壞氣氛

就算如此，還是有下屬不敢說出意見。

因為他們察言觀色的對象不只是領導人。

這種下屬通常太會察顏觀色，只要不是所有人都同意，就覺得完了。

他們忖度過頭了。

這絕對不是下屬不對。如果因此覺得「最近的年輕人太被動」，那就大錯特錯了。

反而應該說年輕人的確創意豐富，想說的話很多。可是就算上司說儘量說，他們覺得那都只是客套話。

因此當下屬說出自己意見時，領導人必須不停地強調**「腦力激盪會議最需要特別的意見啊！」**領導人A這麼做之後，其他人也開始積極發表意見了。

結果發現了資深人員注意不到的業務改善知識技術。

領導人必須獎勵提出特別意見的人，同時保護他們不受否定意見的打擊。

如此才能讓大家踴躍發言，產生新點子。領導人要身先士卒破壞氣氛，讓大家別再忖度。

POINT

不是「許可」，
而是「希望」「提出特別的意見也沒關係哦」。

35

如何培育次世代領導人？

培育人材的關鍵就是讓下屬指導

✕ 明確傳達指導方針

○ 不傳達指導方針

ＨＲ總研於二〇一六年二月實施「人事課題相關問卷調查」，結果半數以上受訪者表示有「培育次世代領導人」的課題。

身為領導人的你不可能永遠都在這個位子上，也可能因為升遷而調動。二流領導人只在意自己擔任領導人期間的團隊表現，**一流領導人想得更多，希望即使自己**

離開，團隊仍有優良表現。

彼得・杜拉克也在著作《杜拉克精選：個人篇》（*The Essential Drucker on Individual*）中提及，「今天的準備，是為了明天的管理人材」。

為了明天，現在的世代必須培育次世代領導人。

◎人材培育的關鍵就是「授權」

我常聽到優秀的員工晉升為領導人後，大吃苦頭的故事。

因為員工與領導人的工作內容截然不同，等於是從頭開始，辛苦自是必然。

為了讓員工晉升為領導人時，能順利轉換自己的角色，最好的方法就是針對次世代候選領導人，給他們升任管理階層前的「助跑期間」。

也就是在他們晉升前，讓他們體驗非正式的第二號人物，亦即管理職助理的工作。

舉例來說，就是和他們一起編製經營會議的資料，或讓他們列席管理階層會議等，把自己的部分工作傳授給他們，讓他們幫忙。因為事先已知道業務內容，等他們晉升領導人後，自然可以無縫接軌新的工作內容，這麼做還有可讓他們俯瞰工作的優點。

然而我更希望大家讓他們體驗如何培育人材。因為晉升領導人後最辛苦的工作，就是培育人材。

身為精英員工的次世代候選領導人很優秀，因此常常不能理解自己的下屬「為什麼連這麼簡單的事都不會」。

所以要讓他們事先模擬體驗如何培育人材。

事實上培育人材最大的問題，就是**「指導的授權方法」**。

只要授權讓次世代領導人指導，即使自己覺得他做得很不順，或覺得明明還有其他做法，也不要插手管，讓他放手去做。

考慮到這種狀況，很多領導人以為只要給候選人明確的方針，**「請這樣指導」**即可，可是這並不是好方法。領導人當然必須要求候選人遵守公司內部或部門願景，至於其他的部分，就放手讓他去做。

不要對下屬有先入為主的觀念，讓精英員工自行思考去指導下屬。這些就是培育人材的重點。

一樣米養百種人，每個人都有不同的想法和行動。

將來精英員工晉升為領導人時，也必須培育各式各樣的下屬。

人材培育不像數學，並沒有明確的解答。**「指導方法就交給你自己決定」**，不告訴下屬指導方針，而是在下屬遇上麻煩時出手幫忙，這樣做比較好。

「試誤」的經驗會讓次世代領導人成長。

當他真的晉升領導人時，就看得出這麼做的成效了。

為了培育人材，請積極地讓他們「試誤」吧。

POINT

培育次世代領導人，不要給他們指導方針，要讓他們自行判斷決定。

第五章

領導人的說話藝術

——重視休假的下屬

36

不知如何分配工作給十分在意縮短工時的下屬

只要提高生產力，什麼都不用擔心

× 小心翼翼地拜託

○ 不經意地拜託

大公司員工C因為要接送上幼稚園的小孩，採用縮短工時制度。他的工作表現很好，但他總覺得自己好像矮全職員工一截。

領導人雖然很想把工作交給他，但也擔心把他當全職員工來用，他可能負擔過重，所以總會跟他說×**「〇〇，我有工作想交給你，你有空嗎？不用勉強哦。」**C內心也希望工作能更上一層樓，雖然縮短工時，也希望上司對待他和對待全職員工一樣。

像這種適用縮短工時制度的下屬，到底應該如何交辦工作給他們呢？

根據公益財團法人日本生產性本部公布的「勞動生產力國際比較二〇一六年版」，德國一年的國定假日不但比日本多八天，每人每年總勞動時間也比日本少約三百五十小時。然而每小時的勞動生產力德國為六十五點五美元，日本卻只有約三分之二的四十二點一美元。

再看看二〇一八年全球出口金額的國家排名，德國僅次於中美，為全球第三大出口國，出口金額更是第四大的日本兩倍以上。

從這些數據可以看出德國生產力有多高。甚至德國勞工一年還可以有二十四天帶薪特休假，有些企業甚至有三十天帶薪特休假。

另一方面，根據日本綜合旅行網站Expedia Japan於二〇一八年實施的「世界十九國有薪假之國際比較調查」，日本勞工的帶薪特休假消化率連續兩年吊車尾。

德國的帶薪特休假與病假分開計算，所以生病不需要用到帶薪特休假。

其他像法國，大多數公司都採用一週工時三十五小時的制度，瑞典還導入一天工作六小時的制度。法國還鼓勵勞工休假三週。

日本所謂的縮短工時制度，其實已經是全球主流制度。看看日德比較即可發現，問題出在日本生產力低落。

勞動時間很長，但生產力很低，甚至可以說是因為工時太長，反倒使得生產力在低檔徘徊。所以透過「休息」提升效率是必要措施。

◎面對縮短工時員工也不改變態度

今後必須更進一步提高生產力，用比過去短的時間工作。

就算是縮短工時的員工，只要生產力夠高就好。換句話說，只要能提升那個時段中的最佳表現，就沒有任何問題。就算是縮短工時的員工，領導人也不用太擔心，放心把工作交給表現好的下屬吧。

針對覺得自己矮全職員工一截的縮短工時成員，只要引導他們提高「每小時生產力」即可。

因為工時短就減少他的工作負擔，或不讓他負責重要工作，看起來好像很貼心，但卻可能讓員工心生不滿。

交辦工作時就算覺得可能造成他一些負擔，還是用平常心告訴他**「○○，這件工作你可以做吧。」**

當然一定也有員工希望在縮短的工作時間內輕鬆工作。

所以為了掌握員工對工作的真正想法，領導人今後也必須經常和員工交流職涯規劃的話題。

後來領導人就試著把以前只敢交給全職員工的工作交給C了。結果其他人要花三小時完成的工作，C一小時就做出來了。

他極力排除沒意義的工作，提高工作效率。因此他得以用更短的工作時間，達成其他全職員工的工作量。

然後領導人再把C的技巧和其他成員共享，為全職員工帶來正面刺激，還得到團隊整體生產力提升的複利效果。

POINT

對適用縮短工時的員工，告訴他用生產力決一勝負。

37

下屬請產假前應做什麼準備？

下屬報告懷孕時，不要立刻說明制度

✕ 只談休假期間的事

○ 站在長期的職涯觀點來談

下屬跟領導人A說自己懷孕了，並申請產前產後的休假、育嬰假。特別是當優秀的下屬要休長假時，會影響團隊戰力，領導人應該如何處理呢？

三菱UFJ研究諮詢株式會社有一項調查，針對實施優於法定育兒相關制度等的企業，詢問他們為何採用優於法規規定的制度協助女性兼顧工作與育兒時，表示「為了降低育兒中女性員工流動率」的企業最多，占百分之六十四點八，其次則是「這是全體員工重新檢視工作方式的契機」，占百分之四十二點一。

◎貼近下屬的不安

優秀的下屬來報告懷孕時，領導人必須從下屬本人和團隊的兩個角度切入思考。

對於來報告的下屬，當然應該先對她說聲「恭喜」，但不要立刻說明產假制度。

領導人A問下屬，**「我們一起來想想休假期間的工作和工作方式吧。」**、**「妳有沒有什麼擔心的事？」**結果和A面談的下屬好像因此更為信賴A了。

下屬來報告時，可能下屬本人也還沒想好今後該怎麼辦，突然跟她說明產假制度，可能讓下屬覺得這種應對方式很制式化。

所以為了消除下屬的煩惱與擔心，領導人可以試著貼近下屬不安的情緒。

領導人或許不能解決所有問題，但應該能提出有關工作的解決建議。這樣做不只下屬本人，連其他下屬也會覺得安心。

之後A又針對今後，建議下屬「今後我們也一起想想工作和工作方式吧。如果妳有顧慮的事，不管什麼事，都先和我討論一下吧。」

站在上司立場，上司還必須考慮補人和業務分配，當然希望越早把計劃定下來越好，但也不能因此急就章。

而且也不能立刻提出讓下屬縮短工時。因為下屬可能想一直持續目前的工作狀態到最後一秒鐘。

上司不要單方面減少業務量或建議換人做，要先聆聽並尊重下屬本人的想法和意願。

這種時候有一點很重要，也就是不要把商量討論的對象範圍，限定在休假期間。因為下屬生完小孩還願不願意繼續工作，都還在未定之天。

下屬可能打算生完小孩休完產假就辭職，也可能原本這樣打算，但又改變心意回來上班。

關心下屬產假後的煩惱，下屬才會說出真心話。

不需要一次面談就決定所有事情，只要持續面談慢慢決定即可。

同時為了團隊著想，詢問下屬**「如果有對放完產假回來工作後的擔憂，也可以告訴我。」**共享工作狀況，重新檢視業務。

減少一個人工作還要讓團隊運作正常，就像前面調查的結果，可當成是「全體員工重新檢視工作方式的契機」。

關心下屬擔心的事情，可掌握業務狀況，有時還可以重新檢視團隊整體的業務。

POINT

接受下屬包含今後職涯規劃的諮詢。

38

男性下屬請育嬰假前應該做什麼準備？

準假前先問問他擔心的事

✕ 准假

〇 給他安心感

最近雙薪家庭增加，越來越多男性願意分擔家務和育兒工作，不只女性，也有越來越多男性請育嬰假。厚生勞動省並祭出二〇二〇年前男性休育嬰假比率達百分之十三的目標。

這是國家規定的制度，企業應打造男性也能安心休育嬰假的環境。可是一定也有領導人皺著眉頭，表示「男生就應該工作，怎麼可以淪落到家庭內」。

男性要休育嬰假，有著比女性更多的障礙。

就算想請，也會擔心自己請假後可能造成其他人的工作負擔加重，「請假很可怕」，而猶豫不決。

最讓領導人擔心的是下屬休假，團隊是否還能運作如常。所以領導人平常就應該建立就算有人休假，其他人也可以互相補足的團隊。

只要有一人休假，工作負擔就會加在其他人身上。很多組織「即使有人離開（休假），也不會補人」。

每一個人的工作量都變重了，自己還要請育嬰假，難怪會讓人猶豫不決。

而且銷假回來上班的人，有人會遭到不合理的降職、減薪或調動。就算沒有這麼糟，也難免擔心回來上班後是不是會有某些負面影響，這種擔心也不全是空穴來風。

研習時我也聽過有領導人對縮短工時的男性說，「我不可能把工作交給一個不知道什麼時候要請假的人」。

在男性請育嬰假比例低的組織中，好像也會發生「育嬰假騷擾」（Paternity Harassment），故意整那些為了育兒希望請假或縮短工時的男性員工。

二〇一九年一月起企業主有義務採取育嬰假騷擾預防措施，但要普及開來可能還需要一段時間。另外在領導人看不到的地方，說不定有其他前輩或其他部門的主管採取歧視行為。

◎減少下屬的擔憂

站在想申請育嬰假的男性員工立場來看，請假需要顧慮的事實在太多了。

領導人B的公司也有男性育嬰假的措施，但早已名存實亡。以前領導人A在其他分公司對於請育嬰假的男性下屬，雖然口頭表示**「這已經是時代潮流了」**、**「夫婦齊心協力很重要呢」**並准假，但並未關懷到下屬的心情。

結果來請假的下屬最後說「算了，我不請了」撤回假單，後來團隊中也洋溢著很難請假的氛圍。

這次遇上下屬來請假的領導人B當然也准假了，而且還表示**「你有沒有什麼擔心的事？」、「我會盡我所能協助你。」**他注意到下屬來請假背後可能會有的心情，如下屬是不是糾結很久才做出這個決定？有沒有什麼煩惱或不安等。

擔憂和不安或許不可能完全消除。但領導人願意努力減輕下屬的擔憂，可讓下屬和領導人之間建立信賴關係，下屬也才能安心請育嬰假。

POINT

育嬰假不是准假就好，
也要聽聽請假背後下屬的擔憂與煩惱。

下屬請長假前應該做什麼準備？

39

休假時是整理工作的機會，把它當成改善業務的機會

× 准假

○ 當成改善業務的機會

下屬要請假一週。

如果領導人心想著「這小子以為自己是誰啊？還想休這麼久？」那就是不及格的領導人。

領導人A准假了，因為 × **「去換個心情很好啊，特休假本來就是你的權利。」**

另一方面領導人B在下屬C來請假時，表示**「好，為了讓你更享受休假，來想想如何改善業務吧。」**

平常如果突然問下屬「你現在在做些什麼？要花多少時間？」就好像在追究下屬責任一樣。

可是用「為了讓你更享受休假，來想想如何改善業務吧」的方式去問，下屬也更容易有正向積極的想法吧。

◎整理不必要的業務

一聽到「請假」，那就是改善業務的機會。好好活用這個機會，別放過它！

進入休假前一般人都會進行整理，特別因為日本人很勤勞，所以一定會做好交接。

這個案例中，要請假的下屬當然也把休假中的工作交接給其他人。上司建議交接時逐一確認業務內容，如果有「不必要的業務」就趁機廢除，嘗試更有效率的做法。

因為是業務交接，本來就會仔細說明，再加上為了怕造成別人困擾，也不得不放棄自我本位的工作想法。對下屬來說，也只能接受改善。

有應做而未做的事的下屬，許多人可能是把時間花在不必要的工作上了。如果沒人告訴他們，他們不會發現自己的時間使用方式或想法有偏誤。

這些下屬因為被其他業務占據所有時間，以至於領導人希望他們做的事，他們都沒空做。

就算是下屬本人很重視的工作，站在領導人的立場來看，不必要的工作也不少。相對地領導人因為可以綜觀全局，也有經驗和知識，才能發現問題。

領導人B在交接工作時，和下屬C一起檢討C的工作中有沒有不必要的工作。結果發現C有一些浪費的做法和不必要的工作，C也主動表示自己會改善。

過去C很排斥改變自己的想法，但因為請假交接工作的機會，他開始會聽取別人的意見，工作越來越有效率。

站在轉換心情的觀點來看，下屬休長假是有必要的。可是能幹的領導人不會讓休假只是休假。

能幹的領導人會巧妙利用工作交接的機會，找出不必要的業務，引導下屬改善業務。

POINT

不只准長假，
還和下屬一起思考並落實改善業務的方法。

結語

感謝您耐心讀完本書。

我和三萬名以上各行各業的領導人交流溝通過，根據他們提出的各式各樣諮詢與煩惱，我從中整理出較常遇到的問題，彙整成本書，我想這些內容應該也適用於本書讀者。

書中提及的解決方法也是我們實際採取的做法，只要執行，一定可以看到下屬的改變。

如果讀者們讀了之後，有想「來試試吧」的內容，請務必付諸行動。

此時有一點希望大家注意，就是不要一次做過多嘗試。

首先先鎖定一種來試，順利後再嘗試下一種。不過再怎麼小心注意，有些下屬會立刻有所改變，但也還是會有頑強拒絕改變的下屬。

對於後者，只要不放棄，有耐心地面對他們，他們一定會改變。

他們可能沒有「一公里的成長」，但會有「一公釐的成長」。

很小的成長大多無法當下發現，但當發現時通常已累積出大成長。下屬成長，表示身為領導人的你也有所成長。

領導人不但沒什麼時間，還必須培育下屬，但還是必須用積極的心態。騰出面對下屬的時間，之後一定有想像不到的回報等著你。

我有一個夢想。

也就是希望所有的領導人都能開朗有朝氣。

開朗有朝氣的領導人一定可以讓下屬更有活力，讓社會更有希望。

我期待本書讀者們為社會帶來希望。

本書能問世受到很多貴人幫助。

在此我要特別感謝鑽石社的武井康一郎先生。從開始企劃到原稿校正，他為本書花了許多時間，也提供了多到無法衡量的建議。

我由武井先生徹底站在讀者立場思考的態度，也學到很多。武井先生從早到晚寸步不離，站在讀者立場對原稿提供建議，是我永難忘懷的回憶。

我也要在此由衷感謝透過研習、諮詢、演講等，和我一起解決許多問題的人。正因為有你們的行動，讓我凝聚培育下屬的精華，我才有機會拯救全日本眾多領導人。沒有你們就沒有這本書的問世。

而且在我執筆期間，你們對本書的期待如「吉田先生什麼時候出下一本書？」、「我很期待您的下一本書」等，給了我莫大的鼓勵。

期待有機會和尚未見過面的讀者們見面。

吉田幸弘

ideaman 142

主管這樣說，下屬一定做得到

「換句話說」，讓下屬聽得懂，還能做更好的39個高效帶人話術

原著書名——どう伝えればわかってもらえるのか? 部下に届く言葉がけの正解
原出版社——株式会社ダイヤモンド社
作者——吉田幸弘

譯者——李貞慧
企劃選書——劉枚瑛
責任編輯——劉枚瑛
版權——黃淑敏、吳亭儀、江欣瑜、林易萱
行銷業務——黃崇華、賴正祐、周佑潔、張媖茜

總編輯——何宜珍
總經理——彭之琬
事業群總經理——黃淑貞
發行人——何飛鵬
法律顧問——元禾法律事務所 王子文律師
出版——商周出版
台北市104中山區民生東路二段141號9樓
電話：(02) 2500-7008　傳真：(02) 2500-7759
E-mail：bwp.service@cite.com.tw
Blog：http://bwp25007008.pixnet.net./blog
發行——英屬蓋曼群島商家庭傳媒股份有限公司城邦分公司
台北市104中山區民生東路二段141號2樓
書虫客服專線：(02)2500-7718、(02) 2500-7719
服務時間：週一至週五上午09:30-12:00；下午13:30-17:00
24小時傳真專線：(02) 2500-1990；(02) 2500-1991
劃撥帳號：19863813　戶名：書虫股份有限公司
讀者服務信箱：service@readingclub.com.tw
城邦讀書花園：www.cite.com.tw
香港發行所——城邦(香港)出版集團有限公司
香港灣仔駱克道193號超商業中心1樓
電話：(852) 25086231傳真：(852) 25789337
E-mailL：hkcite@biznetvigator.com
馬新發行所——城邦(馬新)出版集團【Cité (M) Sdn. Bhd】
41, Jalan Radin Anum, Bandar Baru Sri Petaling,
57000 Kuala Lumpur, Malaysia.
電話：(603)90578822　傳真：(603)90576622
E-mail：cite@cite.com.my

美術設計——copy
印刷——卡樂彩色製版印刷有限公司
經銷商——聯合發行股份有限公司 電話：(02)2917-8022　傳真：(02)2911-0053

2022年（民111）5月5日初版
定價360元　Printed in Taiwan　　城邦讀書花園
ISBN 978-626-318-244-8
ISBN 978-626-318-266-0（EPUB）

DOU TSUTAEREBA WAKATTE MORAERUNOKA?
BUKA NI TODOKU KOTOBAGAKE NO SEIKAI
by Yukihiro Yoshida

國家圖書館出版品預行編目(CIP)資料

主管這樣說，下屬一定做得到 / 吉田幸弘著；李貞慧譯. -- 初版. -- 臺北市：
商周出版：英屬蓋曼群島商家庭傳媒股份有限公司城邦分公司發行, 民111.05
224面；14.8×21公分. -- (ideaman；142)
譯自：どう伝えればわかってもらえるのか?部下に届く言葉がけの正解
ISBN 978-626-318-244-8(平裝)
1. CST: 管理者　2. CST: 人際傳播　494.2　111004161

線上版讀者回函卡